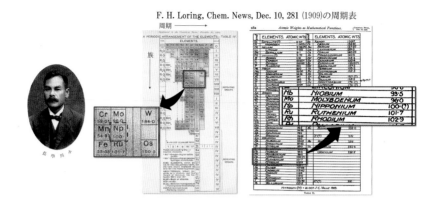

F. H. Loring, Chem. News, Dec. 10, 281 (1909)の周期表

口絵 1　左：小川正孝（東北大学学長時）．右：ニッポニウム (nipponium, Np) が掲載
されていた周期表．矢野安重氏の原子力機構における講演資料 (2019) より（本
文 p.10，図 1.4 参照）．

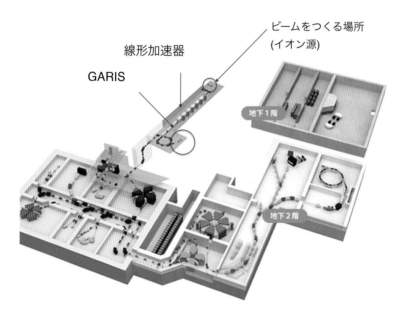

口絵 2　理研 RI ビームファクトリー RIBF（本文 p.38，図 1.15 参照）．

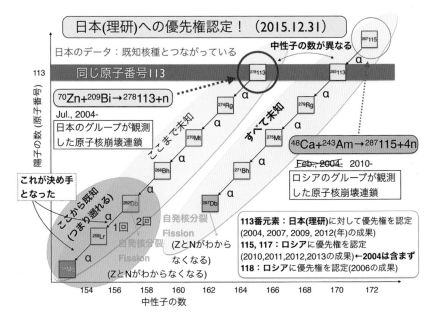

口絵 3　日本（理研）への優先決定の理由の説明図（本文 p.48, 図 1.21 参照）.

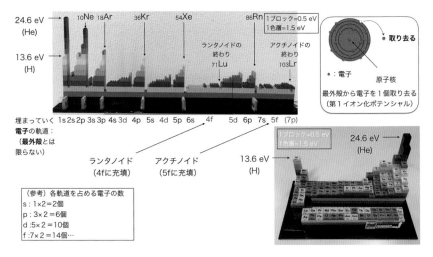

口絵 4　第 1 イオン化エネルギー（模型にて作成）. ブロックの高さがエネルギーに相当. 左：原子番号順に 1 列に並べたもの. 右：周期表の形式で並べたもの（本文 p.62, 図 2.4 参照）.

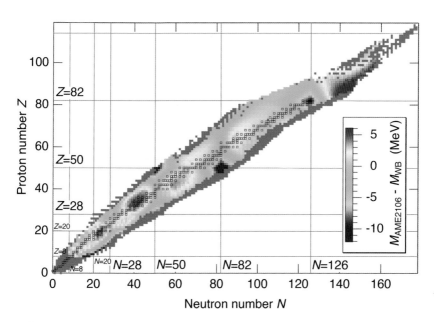

口絵 5　WB 公式と実験質量値との比較．緑のようにおおっている部分は 2018 年までに実験的に確認された原子核 [4]（本文 p.88，図 3.5 参照）.

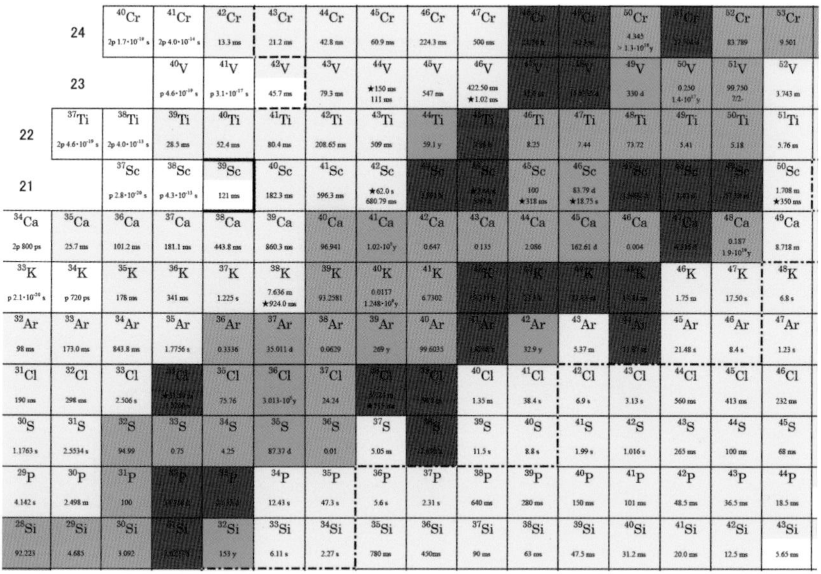

口絵 6　核図表の実験データ．青が 5 億年以上の半減期をもつ原子核，緑は 30 日以上，赤は 10 分以上，黄色は 10 分以下の半減期をもつ原子核．表中の数値で時間の単位で示しているのが半減期，単位がない数字が同位体間の存在比（100 % 表記）（本文 p.89，図 3.6 参照）.

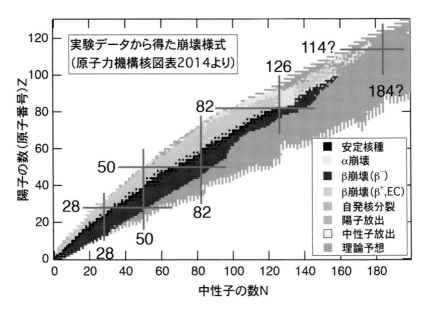

口絵 7　実験的に測定された主要な崩壊様式の核図表上の分布（本文 p.138，図 5.2 参照）.

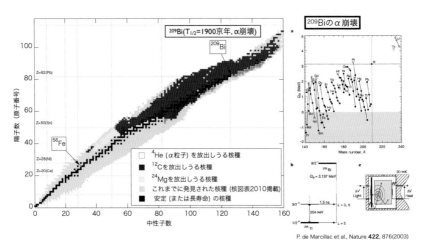

P. de Marcillac et al., Nature **422**, 876(2003)

口絵 8　^{4}He，^{12}C，^{24}Mg を放出しうる原子核の核図表上の分布（本文 p.148，図 5.6
　　　　参照）.

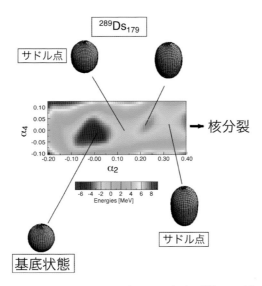

口絵 9　変形空間におけるポテンシャルエネルギー表面の ^{289}Ds の例．球形基底の方法
　　　　(KTUY) で軸対称反転対称として計算．変形度 α_2, α_4, α_6 形状までを考慮し，
　　　　各 α_2, α_4 に対してポテンシャルが最小となる α_4 をとった（本文 p.160，図 5.11
　　　　参照）．

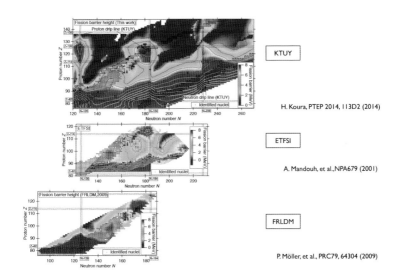

口絵 10　いくつかの理論計算による超重核領域の核分裂障壁の計算（本文 p.166 図 5.14
　　　　　参照）．

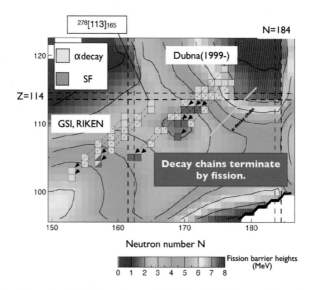

口絵 11　ドブナの熱い融合反応による α 崩壊連鎖の核分裂による終了の位置と理論計算による核分裂障壁の "盆地" の位置比較（本文 p.167，図 5.15 参照）.

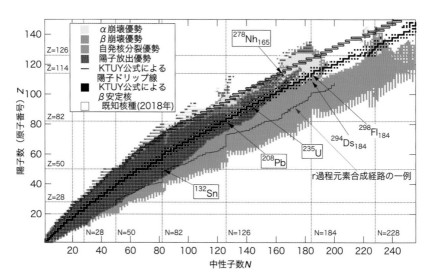

口絵 12　崩壊様式予想図. 得られた半減期が 1 ナノ秒 (10^{-9} s) 以上の核種について描いた. ^{208}Pb 以上では α 崩壊が優勢となる領域が広く表れ，さらにその先に自発核分裂優勢領域が分布しているのが示されている. 図中の r 過程元素合成経路は KTUY 質量公式を用いたカノニカル計算によるものである（本文 p.168，図 5.16 参照）.

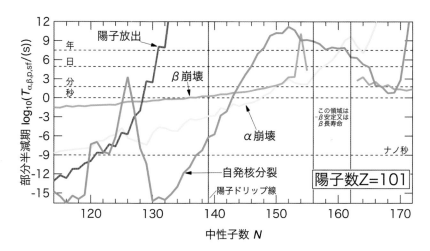

口絵 13　部分半減期の推移．陽子数 $Z = 101$ 原子核の例．部分半減期間で最も短いものが優勢な崩壊様式となる．図中の陽子ドリップ線は 1 陽子または 2 陽子分離エネルギーが 0 となる線である．陽子放出と α 崩壊の部分半減期は中性子不足（図の左）側から β 安定側に向かうにつれて比較的単調に増加する．両者では陽子放出のほうが変化は急である．一方，自発核分裂部分半減期は核構造に非常に敏感に影響を受けている．β 崩壊は弱い相互作用による崩壊であり，短くてもせいぜい 0.1 ミリ秒程度である．中性子数 126 近辺で自発核分裂部分半減期が急に大きくなっているが，これは中性子閉殻構造によるもので，この核種領域で核分裂障壁が高くなっている．このため図 5.16 の対応する領域では"岬"形状の核種領域を形成している（本文 p.169，図 5.17 参照）．

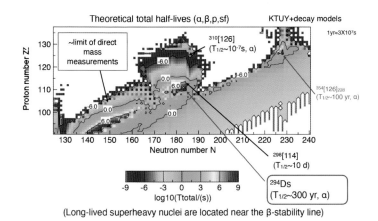

(Long-lived superheavy nuclei are located near the β-stability line)

口絵 14　超重核領域の全半減期．等高線は 10^6 秒ごとに引いた（1 年 $\approx 3 \times 10^7$ 秒）．典型的な 2 重閉殻魔法核 $^{310}[126]$，^{298}Fl および超重核領域で最も半減期の長い核種となった ^{294}Ds についても記した．また，次の超重核の"半島"である $^{354}[126]$ の半減期も記した（本文 p.170，図 5.18 参照）．

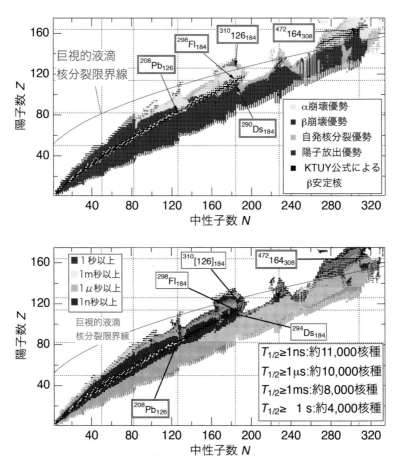

口絵 15　KTUY 質量模型による崩壊様式予想図．図 5.16 と同様．得られた全半減期が 1 ナノ秒 (10^{-9}s) 以上の核種について描いた．上図：崩壊様式．下図：半減期 （本文 p.215，図 7.7 参照）．

Frontiers in Physics 24

ニホニウム

超重元素・超重核の物理

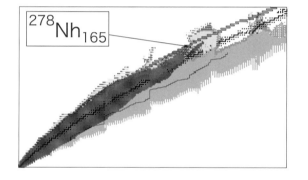

小浦寛之［著］

基本法則から読み解く**物理学最前線**

須藤彰三［監修］
岡　真

24

共立出版

刊行の言葉

　近年の物理学は著しく発展しています．私たちの住む宇宙の歴史と構造の解明も進んできました．また，私たちの身近にある最先端の科学技術の多くは物理学によって基礎づけられています．このように，人類に夢を与え，社会の基盤を支えている最先端の物理学の研究内容は，高校・大学で学んだ物理の知識だけではすぐには理解できないのではないでしょうか．

　そこで本シリーズでは，大学初年度で学ぶ程度の物理の知識をもとに，基本法則から始めて，物理概念の発展を追いながら最新の研究成果を読み解きます．それぞれのテーマは研究成果が生まれる現場に立ち会って，新しい概念を創りだした最前線の研究者が丁寧に解説しています．日本語で書かれているので，初学者にも読みやすくなっています．

　はじめに，この研究で何を知りたいのかを明確に示してあります．つまり，執筆した研究者の興味，研究を行った動機，そして目的が書いてあります．そこには，発展の鍵となる新しい概念や実験技術があります．次に，基本法則から最前線の研究に至るまでの考え方の発展過程を"飛び石"のように各ステップを提示して，研究の流れがわかるようにしました．読者は，自分の学んだ基礎知識と結び付けながら研究の発展過程を追うことができます．それを基に，テーマとなっている研究内容を紹介しています．最後に，この研究がどのような人類の夢につながっていく可能性があるかをまとめています．

　私たちは，一歩一歩丁寧に概念を理解していけば，誰でも最前線の研究を理解することができると考えています．このシリーズは，大学入学から間もない学生には，「いま学んでいることがどのように発展していくのか？」という問いへの答えを示します．さらに，大学で基礎を学んだ大学院生・社会人には，「自分の興味や知識を発展して，最前線の研究テーマにおける"自然のしくみ"を理解するにはどのようにしたらよいのか？」という問いにも答えると考えます．

　物理の世界は奥が深く，また楽しいものです．読者の皆さまも本シリーズを通じてぜひ，その深遠なる世界を楽しんでください．

須藤彰三

岡　真

まえがき

　2015 年 12 月 31 日に「日本に新元素の命名権が与えられる」というニュース
は日本中を駆け巡り，大晦日にもかかわらず，夜のニュースの多くを割いて報
道された[1]．そして翌年 2016 年 6 月 8 日に，原子番号 113 番の元素の名前と
して，「ニホニウム（元素記号 Nh）」が提案された（正式決定は 2016 年 11 月
30 日）．この報道を通して改めて元素の周期表を見直した人も多いのではない
かと思う．

　ニホニウムは日本にちなんで命名された初めての元素である．このニホニウ
ムは自然界には存在しない，人工的に作られた元素である．どうやって作った
かというと原子核同士をぶつけることにより作られたものである．

　しかし実は今回の成果で元素としての化学的性質がわかったわけではない．
あくまで「原子番号 113 の原子」を作っただけである．もう少し正確に言うと
「原子番号 113 の原子核」を作った，というのが今回の成果である．その意味で
今回の成果は原子核物理研究の範疇に入るものである．本書ではニホニウム周
辺の物理について原子核物理の観点を中心に紹介したい．

　ニホニウムは原子物理の観点では「超重元素」と呼ばれる元素に分類される．
周期表の辺境ともいえる 113 番付近は超重元素と呼ばれ，その周辺にも元素が
存在している．しかも原子番号がもっと大きい元素も合成できるらしい．では
いったい元素は原子番号で何番まで存在しうるのであろう？本書ではこの問い
に対する一定の答えを示そうと思う．

　原子核物理の観点ではニホニウムは「超重原子核」と呼ばれる原子核に分類

---

[1] NHK（日本放送協会）では，夜 7 時のニュースの 15 分の放送時間の半分以上この話
　　題に費やされた

される．ニホニウムは陽子を 113 個含む原子核で，中性子をそれの 1.5 倍ほど
含む．ニホニウムは合成できる原子核の最大の到達点に近いのだろうか，また
はもっと大きい原子核も存在するのであろうか？本書ではそのあたりについて
の解説とともに「なぜ超重核を探索するのか」という理由について学術的にも，
または一般への利用の可能性についても紹介する．

　筆者の専門は原子核理論研究であるが，理化学研究所に 2001～2004 年まで在
籍して研究を行い，113 番元素合成実験の実質的な開始に立ち会っている．そ
して 2004～2012 年の 4 つのニホニウムに関する実験に協力した．当時は研究
体制も支援も他国の研究機関と比較して決して大きいものではなかった．その
意味でも 2016 年にニホニウムの命名に至ったのは誠に感慨深いものがある．本
書はそのような関わりの観点からもこの歴史的な実験について紹介したい．そ
れと同時にこの成果の意義について俯瞰的に眺めてみようと思う．

　理論研究者の視点からであるので実験的な観点は不十分な点があるかもしれ
ないが，その点はご容赦いただきたい．

　「ニホニウム」に関する関心を考慮し，第 1 章は専門的知識がない方にも内
容が理解できるように記述した．この章は新元素合成の物語である．そして日
本では 1908 年の小川正孝（本書参照）から続く，3 度目にしてようやく成功し
た日本の新元素探究の物語でもある．所どころ専門的な話が含まれるがそこは
ある程度流して物語を楽しんでいただきたい．専門的な話は第 2 章以降で解説
する．

　第 2 章は原子の話である．今回の 2015～2016 年の元素命名の決定は，まだ
残されていた 118 番元素まで，つまり周期表の第 7 周期までがすべて完成した，
という意味も含まれており，1 つの到達点であった．その周期表の周期性の起
源と，その周期性が超重元素では壊れつつある，という話を紹介したい．

　第 3 章以降は原子核物理から見た超重原子核の解説である．第 3, 4 章は原
子核の基本事項を超重原子核に関連した内容に絞って紹介し，第 5 章で原子核
の崩壊（壊変）を解説しつつ，「超重核の安定の島」に招待したい．第 6 章は超
重原子核の作り方（実験的な難しさと理論的解釈）を解説する．

　第 7 章は超重元素，超重原子核の存在の限界について解説する．実験的には

たどり着くのは現時点ではほとんど困難だが，理論的に元素は何番まで存在しうるか，そして原子核はどこまで存在しうるか，原子物理，原子核物理の双方から筆者の見解を含めながら解説する．そして，宇宙では作られたかもしれないこれらの元素，原子核についても触れる．

　執筆の中心時期であった 2019 年はドミトリ・メンデレーエフ (Dmitri Ivanovich Mendelejev) が 1869 年に元素の周期表を提出してから 150 年目にあたり，国際連合教育科学文化機関 UNESCO によって「国際周期表年 2019」が設定された．この時点で元素の周期表は 118 番元素まで名称と元素記号が与えられ，いわゆる第 7 周期までが埋め尽くされることになった．閉会式は東京で開催され筆者も参加したが，周期表の世界の幅広さを知ると同時に，このタイミングで周期表を祝う場面に立ち会えたことに大いに感銘を受けた．

　この本を執筆中の 2020 年 1 月 1 日に私の恩師である山田勝美先生（早稲田大学名誉教授）が亡くなられた．山田先生は共立出版の（旧）物理学最前線 8（1984 年）で β 崩壊強度関数を執筆した．本書の完成を報告できなかったことが残念である．山田研究室の先輩である宇野正宏氏（元文部科学省）は山田研究室内の学生の面倒をよく見てくれて，私が博士課程で原子核質量計算の研究をしているとき，「その仕事が落ち着いたら原子番号 114 番付近の原子核質量の計算をして，その性質（傾向）を教えてほしい」，と依頼があった．聞いたことのない原子番号，しかも実験値のない領域の計算に当時の私は意味がよくわからなかったが，振り返ればこれが私の超重核研究の最初であった．光岡真一氏（原子力機構）は森田浩介氏と同じ九州出身で，真空型の反跳質量分離装置 RMS に従事していた．2002 年の理研気体充填型反跳分離装置 GARIS 開始の頃まで，森田氏の気体充填の GARIS と光岡氏の真空の RMS の性能の違いの丁々発止の議論を研究会でしていたのを覚えている．光岡氏は後に筆者と原子力機構で同じグループに属し，彼は途中からニホニウム合成実験チームの一員となった．お二人ともニホニウムの命名を待たずに逝去された．本書をお三方に捧げたい．

　最後に，今回の執筆に際し，理研で 113 番元素ニホニウム合成実験のリーダーである森田浩介氏（現九州大学），そして彼を支えた森本幸司氏，羽場宏光氏に

あらかじめ了解を得て，快諾していただいた．ここに感謝したい．

　そして，本機会を与えて下さった岡真氏に感謝する．

2021 年 5 月

小浦寛之

目　次

第 2 章　原子の構造　　　　　　　　　　　　　　　　53

第4章　原子核の質量研究の現状 　115

第5章　原子核崩壊と原子核の安定性
〜超重核の安定の島〜　　　　　　135

第6章　超重元素を作る～原子核融合反応～ 173

第7章　超重元素・超重核研究の展望 203

第 1 章

ニホニウムと超重元素

この章では「ニホニウム」の発見の成果の意義について記述する．元素・原子の合成・発見の人類の歴史の中で元素の合成，原子核の生成についての流れと，ニホニウム合成までたどり着いた物語を基本的に時系列に沿って追って行く．ただし，話の流れを重視し，物理学としての説明を最小限にし，予備知識がなくてもある程度の理解ができるように構成した．物理としての解説は第 2 章以降で紹介する．

1.1 ニホニウムの合成・発見：はじめに

1.1.1 ニホニウムを含む新 4 元素の命名

2016 年 11 月 30 日，国際純正・応用化学連合 (International Union of Pure and Applied Chemistry, IUPAC) は，それまで定めていなかった 4 つの元素の元素名および元素記号を正式に定めた．113 番元素ニホニウム (nihonium, Nh)，115 番元素モスコビウム (moscovium, Mc)，117 番元素テネシン (tennessine, Ts)，そして 118 番元素オガネソン (oganesson, Og) である（図 1.1）．

これに先立つ 2015 年 12 月 31 日，元素の命名権について IUPAC から決定があり，113 番元素に対しては日本の理化学研究所が，115 番，117 番，118 番元素の 3 元素に対してはロシアとアメリカ合同チーム（取りまとめはロシアのフレロフ原子核反応研究所）が新元素の合成・発見をしたと正式に認定され，これらの元素に対して命名する権利を得ることとなった．そして 2016 年 6 月 8 日にそれらの候補名が IUPAC にて公開され，約半年を経て正式決定された，と

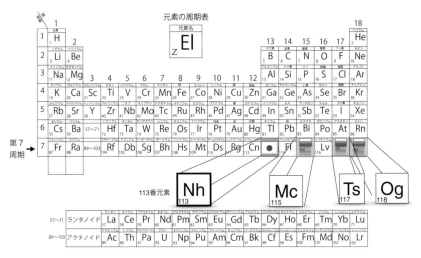

図 1.1　元素周期表．2016 年 11 月に 113 番，115 番，117 番，118 番元素が新たに追加された．

いう経緯である．ちなみに日本語における元素の名称は日本化学会（命名法専門委員会）にて正式に決定され，今回の名称となった．

　113 番元素から 118 番元素までの元素の名称とその命名の由来を表 1.1 にまとめた（114, 116 番元素は今回の命名の直近の 2012 年に決定されており，併せて載せた）．

1.1.2　ニホニウム〜アジアで初めての新元素〜

　113 番元素はニホニウムである．これまでの 118 個の元素の中で，日本での合成・発見が世界で最初であったという新元素である．元素の合成・発見はこれまでの長い科学史の中でヨーロッパ・ロシアおよび米国のみで行われてきた．その中で今回のニホニウムはアジアとしても初めてという成果である．

　命名に関しては実験に関わったメンバーの提案で，日本の名称に由来した元素名が選ばれた．日本は「にほん」と「にっぽん」と 2 通りの読み方があるが，そのうちの「にほん」を採り，「ニホニウム」と命名した．国名・地域名を元素名にする例は過去にも見られる．例えばマリー・キュリーの祖国にちなんだポ

表 1.1　113 番-118 番元素の名称とその命名の由来. 114, 116 番元素は今回の命名の直近の 2012 年に認定されている. 併せて載せた.

原子番号	名称英語名	元素記号	由来	発見年	認定年
113	ニホニウム nihonium	Nh	地名：日本の 2 つある読み方の 1 つ「nihon」から	2004	2016
114	フレロビウム flerovium	Fl	人名：ソビエトの科学者ゲオルギー・フリョロフ G. Flerov から	1999	2012
115	モスコビウム moscovium	Mc	地名：原子核合同研究所があるドブナが属するモスクワ州から	2010	2016
116	リバモリウム livermorium	Lv	地名：ローレンス・リバモア国立研究所があるカリフォルニア州リバモアから	2000	2012
117	テネシン tennessine	Ts	地名：オークリッジ国立研究所，テネシー大学，バンダービルト大学があるテネシー州から ＊ 17 属元素は最後に-ine で終わる名称となる	2010	2016
118	オガネソン oganesson	Og	人名：ロシアの科学者ユーリ・オガネシアン Yu. Ts. Oganessian から ＊生前での人名はグレン・シーボーグに次いで 2 例目 ＊ 18 属元素は最後に-on で終わる名称となる	2006	2016

ロニウム (Po) を始め，フランシウム (Fr)，ゲルマニウム (Ge)，などが挙げられる. ラテン語，古名まで見るとガリウム（Ga, フランスの古名ガリア）といった例もある.

1.1.3　他の 3 元素〜熾烈な国際研究競争の中で〜

　113 番元素ニホニウムと同時に 3 つの元素も新たに命名された. これはロシアのフレロフ原子核反応研究所 (Flerov Laboratory of Nuclear Reactions, FLNR) で行われた成果であり，またこのプロジェクトにはアメリカの研究機関も協力

をしており，その結果，117番元素はアメリカにちなんだ名称（テネシー州からテネシン）となっている．

　この章の後半でも紹介するが，113番元素の合成は日本 vs ロシア-アメリカの共同研究チームの熾烈な研究競争であった．それぞれが異なる方法で合成に成功したと主張していて，互いの初合成が報告された2004年から，11年後にようやく日本への命名権と決着がついたものである．ロシア-アメリカの共同チームは113，115，117，118番元素の4つすべてに対しての"初めての合成"を主張しており，そのうち113番元素以外の3つの元素の命名権を得るに至った．日本の立場から振り返ると，まさに「薄氷を踏む思いで」であったと言えるが，本章ではそのあたりの経緯について紹介したい．

1.1.4　"原子核"の合成

　さて，今回の成果は「元素発見」ということで取り上げられているが，実はその元素の化学的性質はわかっていない．わかっているのは「陽子の数が113個の"原子核"を実験的に合成し，その原子核の存在を確認した」ことだけである．したがって，その化学的な性質は現時点ではわかっていない．

　ここまで紹介した今回の成果を見ると，いくつかの興味が生じるかもしれない．

- ニホニウムはどのようにして合成されたのか．熾烈な国際競争とはいったいどのようなものか．
- 元素は合成されるものなのか．自然に存在するのではないのか．
- 元素を合成するのに原子核を合成するとはどういうことか．
- 今回で元素は118番まで見つかったということだが，元素はいったい何番までであるのだろうか．
- 原子核もいったいどのくらいまで存在しうるのだろうか．

　本書では，これらを原子物理，原子核物理の観点で説明していく．

1.1.5　超重元素，超重核

　本書を通してよく使う用語を1つ挙げておく．それは「超重元素 (superheavy

element)」または「超重核 (superheavy nuclei)」である．これはもともとは原子番号 114 番元素のことを超重元素と呼び，その原子の中心にある原子核の中性子の数が 184 個である原子核を超重核と呼んでいた．しかし近年のこの分野の研究の発展で，原子番号 104 番以降の元素，原子核も超重元素，超重核と呼ぶようになっている．今回のニホニウムも超重元素に含むとして本書を進める．このあたりの経緯も本書の中で紹介する．

1.1.6　本書の構成

本章第 1 章は本書の中心部分である．元素発見の歴史から，日本で初めての新元素合成であった「ニホニウム」発見についての物語を語っていきたい．筆者はこの実験プロジェクトに共同研究者として関わっており，その視点も踏まえて紹介したい．この章はできるだけ専門知識がなくても（高校生，または大学文系程度），内容がわかるように構成したつもりである（原子核の説明は平易に抑えている）．この章は時系列で追っているので，今回のその熾烈な競争について追体験してほしい．

第 2 章では原子物理の観点で元素の周期表について概説する．元素の周期表の周期律がどのようにして起こるかを概説し，それがいわゆる超重元素領域において周期表の「ほころび」が生じていることを，原子系における相対論効果として紹介する．

第 3 章以降，第 6 章までは原子核物理の話である．第 3 章は原子核の伝統的な描像「液滴模型」，「殻模型」を基に原子核の性質を，超重核の理解の必要な物理を中心に解説する．特に超重核の閉殻魔法数核と呼ばれる原子核の理論予測と，核分裂に対する安定性について説明する．

第 4 章では原子核理論研究の現状について少々触れたい．原子系と異なり，原子核系は核力の複雑さから原子核における多体理論計算を難しいものにしている．それは超重核の理論計算の予測にも影響している．

第 5 章では原子核の崩壊様式について概説し，そしてそれから理論予測される「超重核の安定の島」の理論予測について紹介する．超重元素・超重核研究の目的の 1 つはこの島にどのようにしてたどり着くことができるか，というと

ころにある.

　第6章は原子核反応について述べる. なぜ超重核は合成が困難なのか, その仕組みについて反応理論計算の状況について紹介する. 主に複合核模型と呼ばれる, 巨視的な扱いを中心に説明する. 微視的扱いについて言及できなかったが, 原子核反応全体の見通しを把握する, という観点で見ていただきたい.

　第7章は締めくくりとして少々大きな話をしたい. 理論計算が予言する元素の存在限界, つまり「元素はいったいどこまであるのか」, そして原子核の存在限界, つまり「陽子と中性子の組みとしての原子核はどこまで存在しうるのか」について述べる. これらは現状の実験では到達が極めて難しい領域であり, 理論としてははるか遠くの外挿となるので, そのあたりを差し引いて読んでいただきたい. 最後に宇宙での元素の合成と超重元素の関連について紹介する.

1.2　自然元素発見の歴史〜超重元素研究前史〜

1.2.1　元素の概念と元素の周期表

　物質は何からできているかという探求は, 古くから人類の関心の1つであった. 古代ギリシャの哲学者の間では, 万物の根源, 原初的要素として「アルケー (arkhe)」という概念が考えられた. エンペドクレス (Empedocles, 紀元前490年頃 - 紀元前430年頃) は物質を「火」,「空気」,「水」,「地」とする4つの元素からなるとし, アリストテレス (前384年 - 前322年) が火・空気 (もしくは風)・水・土の4元素として広く紹介した. これは物質そのものというより物質の状態 (性質) を説明するモデルである.

　物質が複数個による基本要素からなる, という考えはロバート・ボイル (Robert Boyle, 1627〜1691年) により, 現代からみても科学的な観点で推進された. 基本要素である元素 (element) に「これ以上単純な物質に分けられないもの」の定義を与え, その考えを基に物質を形成する基本元素の探究が進められた.

　アントワーヌ・ラボラジエ (Antoine-Laurent de Lavoisier, 1743〜1794年) は元素の定義として「今日まで知られている方法で, それ以上分解できないも

表 1.2 ラボラジエが「化学原論」で挙げた 33 の元素. 太字は現在元素として認識されている元素.

分類	数	ラボラジエが「化学原論」で挙げた 33 の元素
自然界に広くあるもの	5	光, カロリック（熱素）, **酸素**, **窒素**, **水素**
非金属	6	**硫黄**, **リン**, **炭素**, **塩素**, **フッ素**, ホウ素
金属	17	**アンチモン**, **銀**, **ヒ素**, **ビスマス**, **コバルト** **銅**, **スズ**, **鉄**, **モリブデン**, **ニッケル**, **金** **白金**, **鉛**, **タングステン**, **亜鉛**, **マンガン**, **水銀**
土	5	酸化カルシウム（ライム） 酸化マグネシウム（マグネシア）, 酸化バリウム 酸化アルミニウム（アルミナ） 二酸化ケイ素（シリカ）

の」とし，33 元素を分類した（表 1.2）．上記のうち「自然界に広くあるもの」，「非金属」，「金属」として彼が分類した 26 種の"元素"が現在でも元素として認識されている．

その後元素の発見が進み，1830 年までに 55 種類の元素が，1869 年までに 63 種類の元素が発見された．

1869 年，ドミトリ・メンデレーエフ（Dmitri Mendelejev, 1834〜1907 年）は当時の元素の性質を特徴付ける原子の相対重量である原子量[1]の順に並べ，そこから元素の周期性（周期律）を見出し，周期表の原型を提出した（図 1.2）．この表の特徴は，元素の原子量が増えるに伴い生じる周期性を見出しただけでなく，それらを並べたことにより"空白"の元素があることを示したことにある．メンデレーエフがこのときに提案した周期表は，原子量 45, 70, 72 は空欄になっており，この時点では対応する元素は見つかっていなかった．

この発表後 20 年で原子量 45 に対応する元素としてスカンジウム（Sc, ラース・ニースロン（Lars Nilson），1879 年）が，原子量 70 にガリウム（Ga, ポール・ボアボードラン（Paul Boisbaudran），1875 年）が，そして原子量 72 にゲルマニウム（Ge, クレメンス・ヴィンクラー（Clemens Winkler），1886 年）と新元素がメンデレーエフの周期表の空白を埋める形で次々に見つかった．命名

---

[1] 原子量ではなく原子番号が元素を特徴付ける量として認識されたのは，ヘンリー・モーズレー（Henry Moseley, 1887〜1915 年）が特性 X 線と呼ばれる電磁波の放出と原子番号の関係が見出してから．

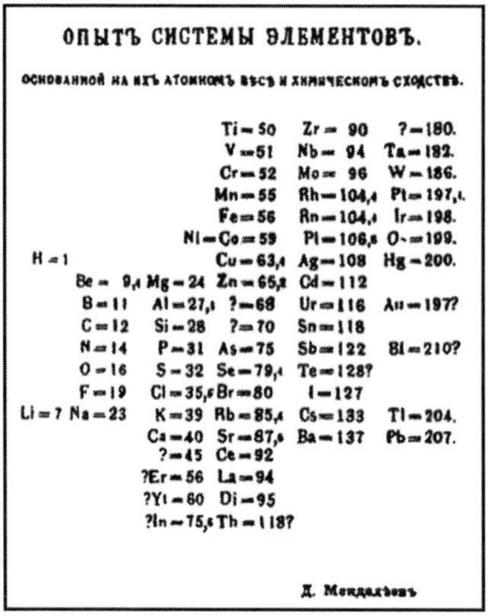

			Ti =50	Zr=90	**? =180**
			V =51	Nb=94	Ta=182
			Cr=52	Mo=96	W=186
			Mn=55	Rh=104.4	Pt=197.4
			Fe=56	Ru=104.4	Ir=198.
		Ni=	Co=59	Pl =106.6	Os =199.
H=1			Si =63.4	Ag=108	Hg=200.
	Be=9.4	Mg=24	P =65.2	Cd=112	
	B =11	Al =27.	? =68	Ur=116	**Au=197?**
	C =12	Si =28	? =70	Sn=118	**Bi =210?**
	N =14	P =31	As=75	Sb=122	
	O =16	S =32	Se=79.4	**Te=128?**	Tl=204.
	F =19	Cl=35.5	Br=80	J =127	Pb=207.
Li=7	Na=23	K =39	Rb=85.4	Cs=133	
		Ca=40	Sr=87.6	Ba=137	
		? =45	Ce=92		
		?Er=56	La=94		
		Yt=60	Di=95		
		?In=75.6	Th=118?		

図 1.2 メンデレーエフが最初に発表した周期表．左図：キリル文字（ロシア語）で書かれたオリジナルの形．右下にメンデレーエフの名前が記されている．右図：左図を書き直したもの．図中の数字は原子量．

がすべて発見した科学者の属する国の名，地域の名であることも興味深い[2)]．これらの発見によりその有用性が見出され，周期律の概念とともに周期表が広まっていった．

1.2.2 天然の新元素発見の限界

化学的分析法の発展に伴い，新元素が次々と見つかってきた．例えば，スウェーデンのイッテルビー村[3)]からはイットリウム（Y, 1794 年）テルビウム（Tb, 1843 年），エルビウム（Er, 1843 年），イッテルビウム（Yb,1878 年），ツリウム（Tm, 1879 年）ホルミウム（Ho, 1879 年）と多くの希土類元素が発見されている．一方，ウィリアム・ラムゼー（William Ramsay, 1852〜1916 年）[4)]は空気中

---

2) スカンジウムはそのラテン語名スカンジアから，ガリウムはフランスのラテン語名ガリアから，ゲルマニウムはドイツの古名ゲルマニアから．

3) 首都ストックホルムの北東郊に約 15 km に位置する．

4) スコットランド出身．1904 年ノーベル化学賞受賞．

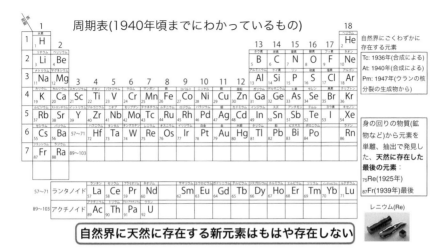

図 **1.3** 1940 年頃までに発見された元素の周期表. なお, アクチノイドの概念が提唱されたのはシーボーグ (G.T. Seaborg) による 1941 年頃.

から希ガス（貴ガス）元素を次々に発見し，新元素発見に新たな展開を示した.

しかしながら天然の新元素は探し尽くされつつあり，その発見は次第になくなってくる．天然に存在して発見された元素は原子番号 75 のレニウム Re（1925年），原子番号 87 のフランシウム Fr（1939 年）で最後となった（図 1.3）[5].

1.2.3 日本の幻の 43 番元素ニッポニウム

ここで日本人による「幻の」新元素の発見について紹介したい．小川正孝[6]（1865〜1930 年）は 1904〜1906 年にウィリアム・ラムゼーのもとにイギリス留学した．その際にトリウム鉱石のトリアナイト（ThO_2）の分析を行う．そしてその鉱石中に原子番号 43 番に相当する元素を初めて発見したと報告し，「ニッポニウム (nipponium, Np)」と命名した（1908 年）.

この成果は一時認められ，ニッポニウム (Np) はイギリス発行の化学雑誌の

---

[5] 周期表 92 番元素ウランまでのうち，43 番元素テクネチウム Tc は 1936 年に合成により発見．85 番元素アスタチン At も 1940 年に合成により発見．61 番元素プロメチウム Pm は 1947 年にウランの核分裂の生成物から発見された.

[6] 愛媛県松山出身．1919〜1928 年東北大学総長.

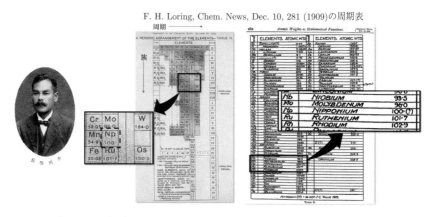

図 1.4　左：小川正孝（東北大学学長時）．右：ニッポニウム (nipponium, Np) が掲載されていた周期表．矢野安重氏の原子力機構における講演資料 (2019) より（口絵 1 参照）．

周期表に 43 番目に位置する元素として掲載された（図 1.4）．ところがしばらくしてその成果が疑問視され，さらに 43 番元素は自然界に存在しないことがわかり，同定は誤りであったことになった．のちの 1936 年にエミリオ・セグレ（Emilio Segré, 1905〜1989 年）が人工放射性元素として発見し，1947 年にテクネチウム Tc と名付けられている．

　小川が分析した元素は実は 75 番元素であったことがわかっている．モーズレーによる特性 X 線と原子番号 Z の関係の発見が 1913 年に知られた後，1930 年に小川の資料を X 線分析器にかける機会を得たようで，小川は最晩年に自分が分析した元素が 75 番元素であったことを認識したようである [1]．しかし 75 番元素はすでに 1925 年にノダック (W.K. F. Noddack, 1893〜1960 年) によって発見されていた．75 番元素は現在ではレニウム Re であるが，正しく同定できていれば 75 番元素がニッポニウム Np となっていたかもしれない．

1.3　原子核の内部構造の発見〜陽子と中性子，そして核図表〜

　自然界に存在する元素はほとんど探し尽くしてしまった．では元素という存

在はそれですべてであろうか．この答えは「元素の正体が原子であり，その原子が内部構造をもつ」という認識を得ることで拡張することとなる．

　最初の認識の変化は「元素が原子 (atom) からできていて，原子は中心に正電荷の原子核が存在し，その周りに負電荷の電子が取り巻いている．中性原子の場合，電子の総数が元素の原子番号に相当する」という原子像である．この描像は量子力学の発展と伴い，元素の周期表の周期律の仕組みなど元素の性質や化学反応などの理解を深く得ることとなった．このあたりについては周期律を中心に第 2 章で紹介する．

　次の重要な認識は原子核の構造の発見である．1930 年代にジェームズ・チャドウィック（James Chadwick, 1891〜1974 年）は中性子を発見し，「原子核が陽子と中性子の構成物である」ことが認識された．これにより，原子は中心に正電荷を帯びた原子核と，それを取り巻く負電荷の電子からなるものであり，そしてその原子核が正電荷の陽子と電荷中性の中性子から構成されることがわかった．

　原子核が陽子と中性子という 2 種類の粒子から構成されていると認識したことが，新しい元素を人工的に作り出そうという考えにつながる．この考えを進める前に，準備として原子核の扱いについて整理しておこう．

1.3.1　原子核の表記

　原子核は陽子と中性子の複合物である．両者は電荷の有無という著しい違いにもかかわらず質量，大きさなどの付随する性質がほぼ等しい（表 1.3）．そこで両者を併せて「核子」と総称する．

表 1.3　電子, 陽子, 中性子の性質．一般に質量は $E = mc^2$ よりエネルギーに換算できる．第 3 章で説明する．素粒子の世界では基本的にそちらを用いる．MeV$=10^6$ eV.

粒子	質量 (kg)	(MeV/c^2)	電荷 (電気素量単位)
電子	$9.1093837015(28)\times10^{-31}$	$0.51099895000(15)$	$-$
陽子	$1.672621898(21)\times10^{-27}$	$938.2720813(58)$	$+$
中性子	$1.674927471(21)\times10^{-27}$	$939.5654133(58)$	0

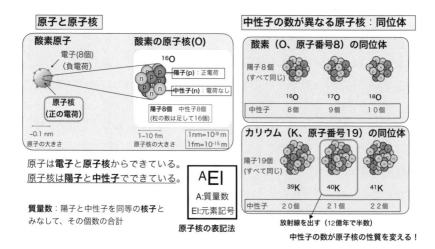

図 1.5　原子と原子核，同位体の説明.

　原子核を表す際に，核子の数を質量数 A と呼ぶ．また，原子番号は陽子の数である．原子核の表記としてその原子番号の元素記号を書き，その左上に質量数を記す．陽子 8 個，中性子 8 個の原子核は，陽子 8 個から酸素なので核子の総数 16 を用いて ^{16}O と表し，陽子 8 個，中性子 9 個の原子核はやはり酸素であるが，^{17}O と表記する．なお，このような原子核の異なる種類を核種と呼ぶ．また，^{16}O と ^{17}O のように原子番号（＝陽子の数）が等しく，中性子の数が異なる原子核を同位体と呼ぶ（図 1.5）．

　陽子の数を明示したい場合は（特に元素記号から原子番号を覚えていない場合），元素記号の左下に陽子の数を記してもよい．例えば $^{16}_{8}O$，$^{17}_{8}O$ などとなる．中性子の数を明示したいときは元素記号の右下に中性子の数を記す．例えば $^{39}_{19}K_{20}$，$^{40}_{19}K_{21}$ などとなる．

1.3.2　核図表

　原子核は陽子と中性子と 2 種類の粒子で構成されているので，一覧的に表すために，陽子の中性子それぞれの数を 2 次元平面の 2 軸とし，地図の経度，緯度のようにして表す．これを核図表と呼ぶ．図 1.6 は縦軸を陽子の数，横軸を

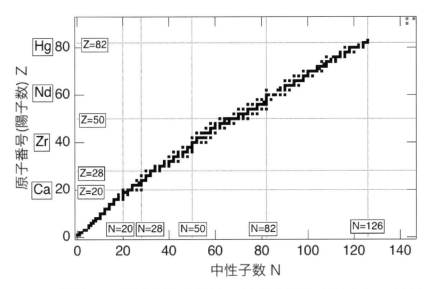

図 **1.6**　核図表．この例は半減期 5 億年以上の "安定な原子核" を示したもの．全部で
286 核種ある．

中性子の数にした核図表の例である[7]．

　この図で示したのは半減期[8] が 5 億年以上[9] の「安定な原子核」である．酸
素の例では ^{16}O，^{17}O，^{18}O が自然界に安定に存在している．原子番号 19 のカ
リウムは ^{39}K，^{40}K，^{41}K の 3 つの同位体が自然界に存在しているが，このうち
^{40}K は半減期 12 億年で崩壊する放射性原子核（放射性同位体）である．

　さて，これから考える重核・超重核合成のためには，この「安定な原子核」が
どのように分布しているのかを押さえておく必要がある．その原子核物理とし
ての仕組みは第 3 章で改めて説明するが，図 1.6 からわかる特徴を列記してお
こう（矢印の右側の説明は主に第 3 章との関連で付記しておく）．

---

[7] 横軸を陽子の数，縦軸を中性子の数にしても構わない．実用上の理由で選ばれる．
[8] 半減期などの原子核崩壊関連については第 5 章で解説する．ここでは崩壊するペース
の大きさとしてよい．
[9] どこまでを安定と定義するのはいくぶん人為的である．ここでは 7 億年の半減期をも
つ ^{235}U を安定のグループに含めたいからこのように定義した．

● 陽子の数と中性子の数がそれぞれ偶数の場合がおおむね安定

　→ 偶奇エネルギー（対相関エネルギー）の効果

● 陽子の数が 20（カルシウム）付近まで：陽子の数と中性子の数が等しい場合がおおむね安定

　→ 対称エネルギーの効果

● 陽子の数が 20（カルシウム）を超えるあたりから：安定な原子核は中性子の数が徐々に多くなる分布，言い換えると弓の弧状に分布

　→ 陽子の正電荷によるクーロン反発力が原因

● 陽子の数が 82（鉛），83（ビスマス）を超えるあたり：安定な原子核がいったんなくなる．その後は ^{232}Th（陽子数 90, 半減期 140 億年），^{235}U（陽子数 92, 半減期 7 億年，^{238}U（半減期 45 億年）までが孤立して安定に存在

　→ α 崩壊のため陽子数 84〜89 の原子核の半減期が急に短くなるため

である．

　これらの"安定"原子核が，われわれがある程度自由に扱うことのできる原子核であり，これらを用いて様々な原子核を合成していくことができる．ではどのような原子核が作れるか．次節から説明していこう．

1.4　原子核を人工的に「つくる」

原子核の合成

　原子核が陽子と中性子の複合体ということは，逆に「陽子と中性子の組み合わせを変えれば"自由に"原子核を作り出すことができるのではないか」，という考えにただちに行き着く．その嚆矢はアーネスト・ラザフォード（Ernest Rutherford, 1871〜1937 年）[10] による実験で，窒素 [11] に α 線（^{4}He 原子核）を照射することにより酸素の同位体である ^{17}O を合成することに成功した（1919 年）．

---

[10] 中性子を発見したチャドウィックはラザフォードの研究指導を受けている．

[11] 窒素の安定同位体は ^{14}N の 1 つのみ．奇奇核（陽子が奇数，中性子が奇数）で安定な同位体は，すべての同位体の中でこの例のみである．

$$\ce{^{14}_{7}N} + \ce{^{4}_{2}He} \to \ce{^{17}_{8}O} + \ce{^{1}_{1}p} \tag{1.1}$$

これは世界で初めて（既知原子核であるが）人工的に原子核を合成した成果である（中性子の存在はまだ認識されていない段階）．さらにジョリオ＝キュリー夫妻[12]はアルミニウムに α 線を照射することにより放射性元素リン-30($\ce{^{30}P}$) を合成した（1934 年）．

$$\ce{^{27}_{13}Al} + \ce{^{4}_{2}He} \to \ce{^{30}_{15}P} + \ce{^{1}_{0}n} \tag{1.2}$$

リンの天然に存在する原子核は $\ce{^{31}P}$ の 1 つのみなので，これは世界で初めて新同位体である人工放射性元素を合成することに成功した成果となった．

　この 2 例はいずれも荷電粒子である α 粒子の照射による実験であったが，一方エンリコ・フェルミ（Enrico Fermi, 1901〜1954 年）はジョリオ＝キュリーの成果の後に原子核に中性子を当てるアイデアを思いつき，多くの安定原子核に中性子を照射して別の原子核を生成する実験を行った．中性子の多い原子核は β^{-} 崩壊を起こす．これは中性子を陽子に変化させる崩壊であり，結果として原子番号が大きい原子核を作ることができる．このようにしてフェルミは多数の同位体を合成することに成功した．

　このように原子核同士を合成することにより，新たに別の原子核を作るという方法が確立された．それは上記のとおり，荷電粒子を照射する方法と中性子を照射する方法の 2 つである．

1.5　元素はなぜたくさんあるのか

　原子が原子核と電子からなり，原子核が陽子と中性子からなる，という理解は，「元素 (element) が物質の基本元素である，という認識をある意味大きく変えることになる．

---

[12] イレーヌ・ジョリオ＝キュリー（Irene Joliot-Curie, 1897〜1956 年）はマリー・キュリー（Marie Curie, 1867〜1934 年）の娘．フレデリック・ジョリオ＝キュリー（Jean Frédéric Joliot-Curie, 1900〜1958 年）と結婚し，結合姓を名乗った．

　元素 (element) が物質の基本元素であるというのなら，なぜ数個程度ではなく，100 近く，あるいはそれ以上の元素が存在し，発見されるのだろう．それは「原子核を構成する陽子と中性子の組み合わせの多様性のため」と答えることができる．たくさんの種類の原子核（核種）があり，それに電子が取り巻いて原子が構成されるので核種の数だけ（中性）原子の種類が存在する，というわけである．原子番号は原子核の正電荷，つまり陽子の数で決まるので，元素の観点からは中性子の数は普通意識しない．

　原子における電子のやりとりのエネルギーは電子ボルト (eV) 程度である．言い換えると，これが化学反応におけるエネルギーの大きさの程度である．一方，陽子，中性子をつなぎ止める核力のエネルギーはメガ電子ボルト (MeV) の程度である．であるので化学反応を考える範囲では原子核内の陽子・中性子の結合の変化といったものはほとんど考慮することがなく，「カタマリ」としてみなすことができるのである．

　次に生じる疑問として，陽子，中性子の組み合わせはどこまで許されるのであろうか．その探索が「新元素合成・探索」であり，その探索の極限が「超重核研究」であると言える．

1.6　加速器の登場と超ウラン元素，そしてアクチノイド

1.6.1　加速器の登場

　ラザフォードやジョリオ＝キュリー夫妻の頃の原子核反応に使われた α 線（高速のヘリウム原子核 $^4\mathrm{He}$）は，当時発見された放射性元素，例えばポロニウム（マリー・キュリーによってすでに発見）が発する α 線などを用いていた．しかし，よりエネルギーが高い荷電粒子を利用するには人工的に原子核を加速する装置—加速器—が必要になる．

　1930 年代にはアーネスト・ローレンス（Ernest Lawrence, 1901〜1958 年）によるサイクロトロン，コッククロフト（John Cockcroft, 1897〜1967 年）とウォルトン（Ernest Walton, 1903〜1995 年）による静電圧加速器，スローン (D. H.

Sloan) による線形加速器などが作られる．特にサイクロトロンは大強度の陽子や重陽子ビームを発生でき，ウランを超えた新元素合成に大いに利用されるようになる．

1.6.2　アクチノイド元素〜米国の軽イオン融合反応〜

アメリカのバークレー[13]（カリフォルニア州）では，ローレンスによるサイクロトロン加速器の完成に伴い，ウランを足がかりに中性子照射および軽イオン照射を継続的に行うことに成功した．93番元素のネプツニウム Np を始め，103番のローレンシウム Lr までは，すべてバークレーで初めて発見された元素である（表1.4）．104番から106番元素はソビエト連邦のドブナ (Dubna) の研究との競争となり，最終的には104番元素はラザホージウム Rg，106番元素はシーボーギウム Sg と命名することとなった．

表 1.4　アメリカで合成に成功した新元素とその原子核反応．

原子番号	元素記号	合成した原子核反応	年
93番：	Np	$^{238}\text{U} + \text{n} \rightarrow {}^{239}\text{U} \rightarrow {}^{239}\text{Np}$	1940年
94番：	Pu	$^{238}\text{U} + {}^{2}\text{H} \rightarrow {}^{238}\text{Np} + 2\text{n}$, $^{238}\text{Np} \rightarrow {}^{239}\text{Pu}$	1941年
95番：	Am	$^{239}\text{Pu} + 2\text{n} \rightarrow {}^{241}\text{Pu}$, $^{241}\text{Pu} \rightarrow {}^{241}\text{Am}$	1944年
96番：	Cm	$^{239}\text{Pu} + {}^{4}\text{He} \rightarrow {}^{242}\text{Cm} + \text{n}$	1944年
97番：	Bk	$^{241}\text{Am} + {}^{4}\text{He} \rightarrow {}^{243}\text{Bk} + 2\text{n}$	1949年
98番：	Cf	$^{242}\text{Cm} + {}^{4}\text{He} \rightarrow {}^{245}\text{Cf} + \text{n}$	1951年
99番： 100番：	Es Fm	水爆実験の放射性降下物. Es 同 Fm	1952年 （公開は1954年）
101番：	Es	$^{253}\text{Es} + {}^{4}\text{He} \rightarrow {}^{256}\text{Md} + \text{n}$	1955年
102番：	No	$^{244}\text{Cm} + {}^{12}\text{C} \rightarrow {}^{252}\text{No} + 4\text{n}$	1958年
103番：	Lr	$\text{Cf} + \text{B} \rightarrow \text{Lr}$ （同位体混合）	1961年
104番：	Rf	$^{249}\text{Cf} + {}^{12,13}\text{C} \rightarrow {}^{257,259}\text{Rf}$	1969年
106番：	Sg	$^{249}\text{Cf} + {}^{18}\text{O} \rightarrow {}^{263}\text{Sg} + 4\text{n}$	1974年

---

[13] カリフォルニア大学バークレー，またはローレンス・バークレー国立研究所．同じエリア（丘の途中）にあるので組織上はともかく実質上は同じとしてよい．

　合成の方法は中性子照射または荷電粒子照射で，^{4}He を用いていたものが，のちには ^{12}C を ^{18}O を用いるようになって成果を挙げている．これは加速器がそれだけの原子核を加速できるようになったからである．標的についても ^{238}U を足がかりに合成した ^{229}Pu，^{241}Am などを標的にして再び荷電粒子を照射して新同位体（および新元素）を生成し，標的にする...という手順で原子番号の大きい原子核，そしてそれに伴う新元素を合成していった．

　なお，中性子を照射することによる原子核合成は，その標的が照射時間に耐えるだけの半減期をもつ必要がある．100 番元素のフェルミウムでは ^{257}Fm が最長の半減期をもつ同位体で 100.5 日，101 番元素のメンデレビウムは ^{258}Md で 51.5 日，102 番元素のノーベリウムは ^{259}No で 58 分である．これらを標的として中性子照射をして原子番号が 1 つ大きい原子核を作るというのは極めて困難である．そしてたとえ照射できたとしても ^{258}Fm は 370 マイクロ秒で，^{259}Md は 1.6 時間で自発核分裂をしてしまい，β 崩壊で原子番号を大きくすることができない．このような理由でフェルミウムが中性子照射で合成できる最も重い元素とされている（興味のある方は第 6 章の図 6.9 も参照）．

1.6.3   アクチノイドの概念

　元素の周期表は 57 番元素ランタン (La) から 71 番元素ルテチウム (Lu) まで「ランタノイド」と呼ばれるグループに配置される．これは化学的に類似した性質をもっているからであるが，電子軌道の言葉で言えば，電子が 4f 軌道 [14]）と分類される軌道に順に充填されていく「f 内遷移元素」であるからである．同様に 89 番元素から 103 元素もランタノイドと同様なグループに分類されるのではないか，と提唱したのがグレン・シーボーグ (G.T. Seaborg, 1912〜1999 年) である (1941 年)．このランタノイドに類似なグループが「アクチノイド」である．バークレーではシーボーグが提唱したアクチノイドを自ら生成法を開発し，新元素として発見し，その性質を明らかにしていった．

---

[14] 第 2 章でやや詳細に解説する．

1.6.4　ソビエト連邦の新元素研究

　一方，当時のソビエト連邦では，モスクワから北部へ 120 km の位置にあるド
ブナ (Dubna) で，アメリカと同様の新元素合成を行っていた．1956 年にドブ
ナに原子核合同研究所 (Joint Institute for Nuclear Research, JINR) が設立さ
れ，その研究所群の 1 つとして設立されたフレロフ原子核反応研究所 (Flerov
Laboratory of Nuclear Reactions, FLNR) において，研究所所長であるゲオル
ギー・フリョロフ（Georgy Flerov, 1913〜1990 年）をリーダーとして新元素
合成に取り組んだ．そして 104 番，106 番，107 番でも米独と優先権を争った
（表 1.5）．

　注目する点は照射粒子として用いた ^{22}Ne, ^{54}Cr である．このような原子番
号の大きい原子核をビームに用いるというのは当時のアメリカのバークレーに
はない手法であり，これができれば原子番号の大きい原子核を一気に合成する
ことができる．問題は加速器の性能であるが，ソビエトではその技術的な問題
を解決し，成功させている．

　なお，104 番元素はソ連およびその関係者（いわゆる東側諸国）では長らくク
ルチャトビウム (kurchatovium, Ku)[15] と呼称していた．加えてソ連以外の欧
米間でも名称についてそれぞれの主張が錯綜し，1 つの元素に複数の元素名が
混在する，という状況が生じていた．そこで化学分野の取りまとめとして，国
際純正・応用化学連合 IUPAC が調整することになり，1994 年に暫定名称，そ
して 1997 年に正式な推奨名を定めることになった（表 1.6）．なお，このときに

表 1.5　ソビエト連邦で合成に成功したと報告された新元素．現在では 105 番元素が Db
として残っている．(Rg) は国際純正・応用化学連合 (IUPAC) と国際純粋・応用
物理連合 (IUPAP：International Union of Pure and Applied Physics) が 1974
年に暫定的に与えた名前．のち 1997 年の最終決定に伴い変更される．

原子番号	元素記号	合成した原子核反応	年
104 番：	Ku	^{242}Pu $+^{22}$Ne $\rightarrow$ ^{259}Rf+5n	1964 年
105 番：	Db	^{243}Am$+^{22}$Ne $\rightarrow$ ^{261}Db+4n	1967 年
106 番：	(Rf)	^{207,208}Pb $+^{54}$Cr $\rightarrow$ ^{259}Sg	1974 年

---
[15] ソ連の核物理学者イーゴリ・クルチャトフ（Igor Kurchatov, 1903〜1960 年）にちな
む．

表 **1.6** IUPAC が推奨した暫定名と最終決定名. Jl（ジョリオキュリウム）と Hn（ハーニウム）は最終的に採用されなかった.

IUPAC 推奨	104	105	106	107	108	109
1994 年暫定推奨	Db	Jl	Rf	Bh	Hn	Mt
1997 年最終決定	Rf	Db	Sg	Bh	Hs	Mt

106 番元素がシーボーギウム (Seaborgium, Sg) となったが，これは該当者が生前のうちに元素名が付けられた最初の例である（2 例目が 118 番元素オガネソン Og）.

これを契機に，元素名の決定は国際純正・応用化学連合 IUPAC が設置した元素名認定に関する作業部会 (Working Party) を設置して行うことに統一された[16]. 110 番以降についても後のニホニウムを含め，すべてこの方法で決定されている.

1.6.5　日本の幻の 93 番元素

92 番元素ウランを超える元素を超ウラン元素と呼ぶ. この元素を日本が初めて発見するチャンスがあったことを紹介しよう.

理化学研究所の仁科芳雄（1890～1951 年）は日本国内での加速器による原子核研究に取り組み，1937 年に国内初（世界でローレンスに次いで 2 番目）のサイクロトロンを建造した. この研究の流れはその後の理研 RI ビームファクトリーにつながるものである.

さて，仁科は 1940 年にウランの新同位体生成実験を行った [2]. 入射粒子は高速中性子で，加速器で重陽子 (^{2}H) を 3 MeV のエネルギーで加速させ，それをリチウムに照射することによって高速中性子を生成させた. 天然ウランは 99.27%が ^{238}U である（わずかな残りは ^{235}U）. その ^{238}U にエネルギーの低い中性子（通常熱中性子[17]）を当てると ^{239}U が合成されるが，仁科らは高速中

---

[16] 検討する内容が原子核物理の範疇であるので，国際純正・応用物理連合 IUPAP も認定に関わり，双方による合同作業部会 (Joint Working Party) を設置する.

[17] 中性子は電荷をもたないので電磁場で制御できない. 代わりに周りの物質との弾性散乱を利用してエネルギーを落として利用する. 周りの物質との熱平衡状態に達した中性子を熱中性子 (thermal neutron) と呼ぶ. 室温相当の 300 K（＝27 ℃）の場合 0.025 eV のエネルギーである.

性子で ^{238}U を叩くことにより中性子 2 個を吐き出させ，新同位体 ^{237}U を合成した（これを (n, 2n) 反応と呼ぶ）．

$$^{238}\text{U} + \text{n}_{\text{fast}} \rightarrow {}^{237}\text{U} + 2\text{n}. \tag{1.3}$$

この際，^{237}U の β 崩壊が起こったことが論文内で報告されている [18]．ウランは 92 番元素なので，93 番元素が生成されたことになる．ただし半減期がとても長いことは確認しつつも（実際には ^{237}[93]，つまり ^{237}Np は 214 万年の半減期をもつ α 崩壊核種である），化学単離はしておらず，推定としても化学元素として第 7 属のレニウムと誤って推定し（現代の認識では正しくはアクチノイド），同定することは叶わなかった．時期的にはアクチノイドの概念をシーボーグが提唱する前であった．

93 番元素は同年 1940 年末にエドウィン・マクミラン（Edwin McMillan, 1907〜1991 年）によって合成された．彼らは ^{238}U に熱中性子を当て，^{239}U およびその β 崩核種である ^{239}Np を生成した．

$$^{238}\text{U} + \text{n}_{\text{th}} \rightarrow {}^{239}\text{U} + \gamma \tag{1.4}$$

$$^{239}\text{U} \xrightarrow{\beta^-} {}^{239}\text{Np} + e^-. \tag{1.5}$$

マクミランらは ^{239}Np の単離まで行い，人工的に作られた最初の超ウラン元素として認められた．

なお，元素名はウランは同時期に発見された天王星 Uranus（1800 年代中盤）から採られた．93 番元素は海王星の Neptunre（1846 年）にちなみネプツニウム (Np) と命名された．ちなみに 94 番元素は冥王星 Pluto からプルトニウム (Pu) と命名されている．

Np は小川正孝が提案したニッポニウム Np の元素記号と偶然にも一致している．日本は 113 番元素発見より前に 2 度新元素発見に近づいていたことになる．

---

[18] 仁科らは論文の中で「^{237}U からの β 崩壊は負符号（つまり β^-）で，原子番号 93 が生成されたのではないか」とコメントしている．

1.7　超重元素

1.7.1　超アクチノイド，そして超重元素

104 番元素は 1960 年代に米ソで合成され，104 番元素以降も合成の対象となるようになった．これはアクチノイドが終了し，メインの周期表に戻る配置である．この 104 番以降の元素は長らく（そして現在も一定の割合で）超アクチノイド (transactinoid) 元素と呼ばれていた．

しかし 1960 年代後半になり，この領域の新たな概念が提唱されるようになった．それは「超重元素」である．

1.7.2　アクチノイド・超アクチノイドの半減期減少〜化学的同定から核物理的同定へ〜

アクチノイドで最も半減期の長い核種は ^{238}U の 45 億年である．これ以上原子番号の大きい核種は質量数が大きくなるにつれて半減期が短くなる．表 1.7 はここまで紹介した新元素の根拠となった核種の半減期の一覧であるが，原子番号および質量数が大きくなるにつれて半減期が短くなり，^{259}Sg, ^{263}Sg では秒を切る長さまで短くなっている [19]．ここまで短くなると，化学的方法で元素を同定することは困難になる．この頃から元素の同定の方法が，原子核物理的方法，具体的には原子核崩壊の性質を利用して核種の同定する方法に移行していくことになる．

1.7.3　超重元素の概念〜超重核の安定の島〜

一方，原子核物理の観点から拡張された核構造の概念が提案された．

原子には希ガス（貴ガス）のような不活性の元素が存在する．これは原子核を取り巻く電子の閉殻の現れであり，それぞれ電子の数が 2（ヘリウム），10（ネオン），18（アルゴン），36（クリプトン），54（キセノン），86（ラドン）が原

---

[19] Sg の同位体で最長の半減期の核種は現時点では，^{269}Sg で 2 分の半減期である．のちのロシアによって作られた．

表 **1.7** アクチノイド・超アクチノイドの核種と半減期の減少.

国	核種	半減期	国	核種	半減期
アメリカ	^{239}Np	2.356 日	ソ連	^{259}Rf	2.4 秒
	^{239}Pu	24,110 年		^{261}Db	1.8 秒
	^{242}Cm	162.94 日		^{259}Sg	290 ミリ秒
	^{243}Bk	4.6 時間			
	^{245}Cf	45 分			
	^{256}Md	1.3 時間			
	^{254}No	51 秒			
	^{257}Rf	4.4 秒			
	^{259}Rf	2.4 秒			
	^{263}Sg	820 ミリ秒			

子系の閉殻数である（第 2 章で詳説）.

一方原子核にも陽子の数，中性子の数に応じて閉殻が存在する．具体的には陽子数が 2, 8, 20, 28, 50, 82, 中性子数が 2, 8, 20, 28, 50, 82, 126 が原子核での閉殻である．これは実験的に確認され，かつ理論的にもその理由が説明されている（第 3 章で詳説）．現在確認されている最も重い 2 重閉殻である原子核は ^{208}Pb（陽子数 82, 中性子数 126）であり，実際 ^{208}Pb の原子番号および質量数を超える原子核は急に半減期が短くなっている（図 1.6 は安定な原子核を示したものであるが，^{208}Pb および ^{209}Bi で急に途切れている）.

さて，^{208}Pb の次の 2 重閉殻の原子核はなんであろうか．それは理論計算の予測から「陽子数 114, 中性子数 184 の原子核（原子核の表記で ^{298}[114]）」だと考えられている [20].このような 2 重閉殻のもつ，この領域の原子核を厳密な意味での「超重核」と呼んでいる．そしてこの原子番号 114 の元素を「超重元素」と呼ぶ．ただし現在ではより広い意味でこの用語が使われ，超アクチノイド（原子番号 104 以上）を超重元素と呼び，超アクチノイドの原子核を超重核と呼ぶようになっている.

このような超重核，超重元素が大きなインパクトをもたらしたのは，この原子核およびその近傍の陽子数，中性子数をもつ原子核は，かなりの長寿命かもしれない，という理論予測が出たからである．この場合の長寿命原子核は陽子

---

[20] この議論については第 3 章参照.

の数が 114 ではなく 110 であるが（これは α 崩壊の性質からである．第 5 章で関連部分を説明），この予測が最初になされたのは 1960 年代で [3]，当時は十数億年という半減期が予想されていた．この半減期は，ウラン ^{235}U（45 億年）やカリウム ^{40}K（12 億年）の半減期に匹敵する．工学，工業的に利用できるかもしれない，と期待させる長さである．

　夢のある話をした後で少々残念であるが，現在の原子核理論計算では，それほど長い半減期とはならないと考えられている．多くの計算（筆者も含む [4]）が数百年程度の半減期であろうと見積もっている．それでもアクチノイドの後半に位置する元素や，超アクチノイド元素に比べて格段に長い．

　ここで超重核を核図表の上で確認してみよう．図 1.7 は半減期の理論計算値をもとに書いた核図表である．ここまで「半減期 5 億年以上の"安定な原子核"」と呼んでいた原子核は図中の β 崩壊安定核におおむね重なる．既知核種（実験）とマークした領域がこの β 崩壊安定核を中心に広がっているが，これはジョリ

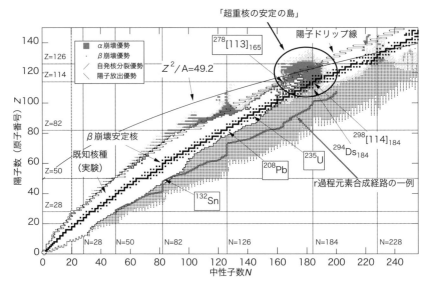

図 **1.7**　核図表における「超重核の安定の島」．筆者の計算を基に描いた．第 5 章でも説明 [5]．既知核種（実験）は 2014 年までのデータで，この章で説明する超重核はすべて含まれている．

オ＝キュリーを始めとして，世界中で原子核を人工的に合成してきたことを表している（現在まででおよそ 3,000 個以上）．図中で右上のほうで円で囲まれた領域が「超重核の安定の島」と呼ばれる領域である．この図で既知核種（実験）の領域が貫くように，この安定の島に入りつつあることがわかる．この島を（核図表を海図に見立てて）"北"方向に進むのが「原子番号の大きい元素の探索」であり（日本のニホニウム $^{278}[113]_{165}$ 発見もその1つ），"東"方向に進むのが「長寿命の原子核の探索」（$^{298}[114]_{184}$ の方向）となる．

1.7.4　超重元素探索研究の意義

さて，超重元素・超重核という概念が明らかになったところで，その研究の方向（目的）を整理しておこう．

まずは従来からの目的である「元素周期表の拡張」である．元素はいったい何番まで存在するのか，そしてその化学的性質はどのようになっているのか，という探求である．本章でこれまで説明をした新元素発見や，そしてこれから述べるニホニウムの合成・発見もその流れの1つである．ただし元素の合成は原子核の合成であるので原子核物理の研究が不可欠となる．

一方，原子核物理としても大きな目的がある．それは「次の閉殻原子核がどこにあるか」という探索であり，そして「長寿命の原子核がどこにあり，その寿命はどれくらいか」という探査である．こちらも非常に重要なテーマであるが，原子核を合成する手法の制約のため，現時点ではなかなか近づけないのが現状となっている．これについては第5章と第6章を中心に取り上げる．

さて，超重核の安定の島という概念を紹介したところで新元素合成の話に戻そう．まずは超重核合成実験における様々な要素について説明し，その後にアメリカ，ソ連の競争以降（107 番元素以降）の新元素の合成・発見について続ける．

1.8　超重核合成実験の様々な要素

1.8.1　超重核合成の難しさ

　1.6 節まで，アメリカとソビエトの新元素合成研究で 106 番元素までを合成することに成功したことを紹介した．しかし 1974 年の 106 番元素成功の後，107 番元素以降はなかなかうまくいかず，元素合成に成功したのは米ソではなくドイツの重イオン研究所 GSI で 1981 年のことであった．このように時間がかかった理由は超重核の合成を阻害するような新たな原子核反応機構が現れてきたこと，そしてそれに伴う加速器の性能の増強が必要となったこと，そして合成した超重核と他の原子核を加速器の下流で分別する分離器の性能が必要となったからである．

1.8.2　化学的同定から核物理的同定へ

　そしてもう 1 つ重要であるのは元素の同定を化学的性質に頼ることができなくなったこともある．その 1 つは前述したように半減期がどんどん短くなって化学分析が困難になることが理由であるが，もう 1 つ重要な問題は合成する原子核の生成量（この尺度を断面積と呼ぶ）の低さである．原子番号 Z が大きくなるにつれ，原子核の融合による生成の断面積は指数関数的に低くなり，原子核を数個，数十個という量しか観測できず，これらから作られる原子の化学性質を明らかにするには極めて少ない[21]．もう 1 つは生成した原子核の半減期の短さである．このあたりの原子核では半減期は秒のオーダーまたはそれ以下となり，このことも化学的性質を得るには大きな障害となっている．

　代わりに元素の同定する方法は原子核が崩壊（壊変）していく過程を利用するものである．合成した原子核は大抵陽子・中性子の組みを変える崩壊を起こすが，その過程は大きく α 崩壊，β 崩壊，自発核分裂がある．このうち α 崩壊は α 粒子（^{4}He 原子核）を放出する崩壊で，実験上素性がわかりやすい．これ

---

[21] このような少量の原子から化学的性質を明らかにする研究がシングルアトム化学 atom-at-a-time chemistry であり，液相，気相研究がなされている．

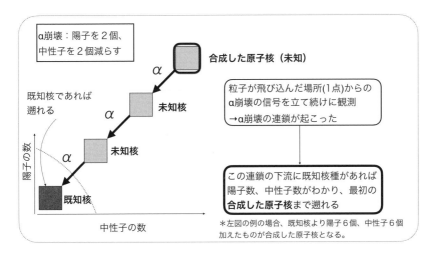

図 **1.8**　α 崩壊連鎖から原子核の同定をする模式図（核図表）.

が連鎖的に崩壊を起こし，すでに知っている原子核の α 崩壊と一致すれば，連鎖を遡ることにより，どの原子核が作られたががわかる（図 1.8）.

1.8.3　超重核合成に必要な高エネルギー・大強度ビーム～加速器～

　原子核は正電荷をもっている．その正電荷のクーロン斥力に抗って原子核同士を接触させるのでそのクーロン障壁を超えるのに必要な加速器の入射エネルギーが必要である．このエネルギーは標的，入射粒子の原子番号をそれぞれ Z_1，Z_2 としたときの積 $Z_1 \times Z_2$ に比例する．単純に Z_1，Z_2 が大きければ，それだけ必要なエネルギーが大きくなる．また例えば $Z = 100$ の原子核を作るにしても $Z_1 = 1, Z_2 = 99$ よりも $Z_1 = 50, Z_2 = 50$ のほうがクーロンエネルギーが断然大きい.

　加速器側の性能で言えば 1 核子あたり 5 MeV 程度以上（例えば ^{70}Zn であれば 350 MeV に相当）のビームが超重元素合成実験では必要である．そして融合確率の極端な減少から，大強度のビームが要求される．ビーム電流量の単位は pμA などと表記され，これは 1 秒間に 6.3×10^{12} 個の原子（イオン）を送る量に相当するが，例えば 1 pμA 程度の電流が求められる．一方でこのビーム強度

は標的を挟み込む材料によっては標的を破ってしまう程度にまで到達しているので，その標的側の対策も必要である．

1.8.4　合成して超重核の分別〜分離器〜

　得られた元素を検出するには従来は反応した原子核（元素）を検出器まで輸送し，その検出器で元素の同定をしていた．しかし生成量が少なく，かつ半減期が短い（秒以下）場合，むしろビームを標的に当てて合成された原子核を標的から飛び出させ，ビームとほぼ同方向に（ただし入射ビームより遅い速度で）飛び出した目的の原子核のみ分離する方法が考えられた．原子核の反跳 (recoil) を利用するので反跳分離装置と呼ばれる．

　反跳分離の方法は大きく2つあり，1つは原子核の飛行の速度差を利用する方法である．これは静磁場と静電場を組み合わせた真空中の通り道に荷電粒子（ビーム原子核，目的の原子核，他の生成物）を通し，目的の速度で飛び込んできた荷電粒子のみ通すフィルター（速度フィルター）を用いて合成原子核だけを最下流の検出器に到達するように調整する方法である．後述する GSI が採用し，新元素合成に関して多くの成功を収めている．

　もう1つは分離器にガスを充填する方法である．このことにより磁場によって荷電粒子が曲げられる程度（これを磁気剛性と呼ぶ）が原子核の質量数 A と原子番号 Z のみで定まる定数になる．この原理を用いて目的の A と Z の原子核のみを分離する方法である．後述する理研の GARIS がこのタイプである．

最適なビームエネルギー

　2つの原子核が接触して目的の原子核になる過程で，原子核は中性子を放出したり，核分裂を起こしたりする．中性子の1個〜数個の放出であれば（陽子数が減らないのであれば），超重核が合成されたことになるが，核分裂は原子核のバラバラにしてしまう過程なので超重核にならず，核分裂を起こすのを避けたい．

　その意味でビームは原子核に"そっと"くっつく程度のエネルギーが望ましい．これはビームをクーロン障壁のエネルギー程度にすることを意味する．実

際には核物理的な性質からそれより数～10数 MeV 大きい範囲が反応の確率を高める．この反応確率が高い，最適なエネルギーはその範囲が狭く，そのエネルギー幅は典型的な超重核で狭いもので 4 MeV 程度である [22]．その範囲を外れると確率が 1 桁程度またはそれ以下で減少してしまう．例えば 1 日に 1 個であった生成量が 10 日に 1 個の生成となってしまうといった具合である．そのため最適なエネルギーをどのように決めるかは実験実施上極めて重要である．一般に，エネルギーの変化に応じた断面積の変化を励起関数 (excitation function) と呼ぶ（第 6 章参照）．

1.8.5 超重元素合成のポイント～まとめ～

ここまで述べた超重核合成にポイントについてまとめておく．

- 荷電粒子である原子核同士の衝突→2 つの原子核の電荷の積をできれば小さく
- クーロン斥力に抗う衝突→クーロン障壁を乗り越える程度の高いエネルギー
- 合成の確率が入射エネルギーに極めて敏感→適切なエネルギー決定
- 照射ビームと合成粒子の飛行中の選別→分離装置
- 合成確率が極めて低い→大強度ビーム
- 高エネルギーだと標的が溶けてしまう→冷却の仕組み

1.9 冷たい融合反応と熱い融合反応～重イオン原子核反応競争～

前節で超重核合成に必要な要素を列記したが，これらの条件を踏まえつつ，もう 1 つ，と言ってもこれこそが重要なポイントであるが，どの原子核同士をくっつければ超重核が作れるか，という選択がある．これは大きく分けて 2 つの方向性がある．これを説明する．

[22) 4 MeV とは例えば超重核実験に用いる少々厚い標的 ($600\,\mu\mathrm{g/cm^2}$) であれば，標的をビームが貫く際にエネルギーを失う程度である．極めて狭いエネルギー範囲と言える．

1.9.1　超重元素合成の 2 つの戦略～ドイツ GSI が選んだ鉛ビスマス標的～

　安定な原子核の核図表に戻ってみたい．図 1.6（または図 1.9 の左図）は安定な原子核の核図表である．より原子番号の多い原子核を安定核の組み合わせで作ると，どのような組み合わせが考えられるであろうか．

　まずは標的から考えよう．1 つは原子番号 82 の鉛 Pb（特に ^{208}Pb），原子番号 83 のビスマス ^{209}Bi（ビスマスの安定同位体はこれのみ）を標的にする方法である．安定な原子核として核図表上の「飛地」にある ^{232}Th，^{235}U，^{238}U の 3 核種を除けば最も重い．そして容易に手に入れることができるし，扱いも比較的簡単である．これに Cr，Fe などの原子核を照射することにより超重原子核を合成するのである．この方法で最初に合成に成功したのは前述のソビエトで，^{207,208}Pb $+^{54}$Cr 反応により 106 番元素を合成した（1974 年）．加速器でいろいろな種類の原子核を加速する必要があり，そちらの開発能力が必要になる．ドイツの GSI はこの方法を採用した（図 1.9）．

　別の方法として，上記では除いて考えた原子番号 90 の ^{232}Th，原子番号 92 の ^{235}U，^{238}U を標的にする方法も考えられる．それをもう少し発展し，これら

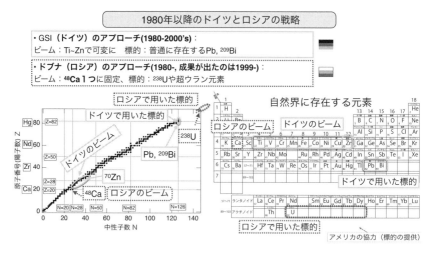

図 1.9　核図表と周期表で見たドイツ GSI とロシアドブナの戦略の違い．

から作られた超ウラン元素 Am（原子番号 95），Cm（同 96），Cf（同 98）など
を標的にすればより原子番号の大きい原子核を生成することができる．しかし
これらは放射性物質であり鉛ビスマスに比べて扱いが格段に難しいし，そもそ
もそれらの標的は自然に存在しないので作らなければならない．

カルシウム 48～ドブナが選んだ中性子過剰原子核ビーム～

　元素合成でもう 1 つ意識する必要があるのは，合成した（超重）原子核の安
定性である．図 1.9 の安定原子核は，原子核が重くなるにつれ，「弓の弧状」に
中性子が多いほうに分布することにある．これは陽子同士のクーロン斥力のた
めだとすでに説明したが，結果として安定核同士の合成ではどうしても β 崩壊
安定線（図 1.7 参照）の左側，言い換えると中性子が少ない側（中性子欠損側）
の原子核を合成することになる．原子核の合成する立場からすれば，できるだ
け β 崩壊安定線に近い，つまり中性子が多い原子核を作りたい．そうすればよ
り半減期が長くなると予想されるし，かつ現在の反応系の組み合わせにおいて
「超重核の安定の島」の中心に近づく，などと利点が多い．
　その観点でロシアのドブナではカルシウム 48(^{48}Ca) に注目した．陽子数 20，
中性子数 28 の ^{48}Ca はビームとして利用できる軽い安定な原子核 [23] の中で，
中性子/陽子の比が 1.4 と極端に大きい原子核である．問題があるとすればその
数で，カルシウム同位体の中で ^{48}Ca は 0.187％と極めて少ない．そこでドブナ
では ^{48}Ca の同位体濃縮をソビエト時代から進め，次の超重元素合成に取り組
んできた．図 1.9 でドイツ GSI とロシアドブナの選んだ戦略を核図表と周期表
で比較した．

1.9.2　2 つの超重元素合成の物理的違い～熱い融合反応と冷たい融合反応～

　^{208}Pb，^{209}Bi と超ウラン元素の標的の違いはただの原子核の組み合わせ以上
の性質が生じる．図 1.10 を用いて説明する．
　原子核同士がぶつかって最終的に 1 体の新しい原子核になるには「融合」お

---

[23] 実際は 1900 京年の半減期をもつが，事実上安定原子核とみなす．

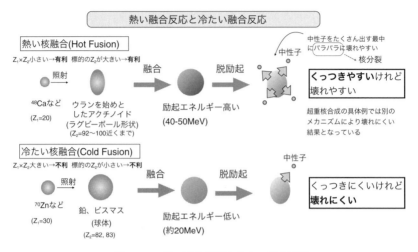

図 **1.10**　熱い融合反応と冷たい融合反応.

および「脱励起」の過程がある．ここでの「融合」とは，2 つの原子核が 1 体の
原子核になったのであるがまだ"熱い"[24]（これを励起状態と呼ぶ）状態であ
る，という段階を指し，「脱励起」とは，この"熱い"原子核を冷やす段階を意
味する．

　違いを生み出す 1 つ目の要素は原子核の形状である．^{208}Pb，^{209}Bi 原子核の
形状は球形である．一方ウランや超ウラン原子核はラグビー型形状をした変形
原子核である，という大きな違いがある．そしてこのことが原子核を合成した
際の"融合"のしやすさに違いが生じる．簡単に言えば原子核同士を接触させ
た場合，変形原子核のほうがくっつきやすく，球形原子核のほうがくっつきに
くい，という性質の違いである．

　また，$Z_1 \times Z_2$（標的，入射粒子の原子番号をそれぞれ Z_1，Z_2）についても，
ウランなどの標的のほうが，鉛などの標的に比べて小さくすることになり，や
はりウランなどの標的のほうが"融合"という段階で有利になる．

　もう 1 つの要素が原子核を接触した時点での"熱さ"，つまり励起エネルギー

---

[24]　正確には励起エネルギー．第 6 章で議論するように，この状態は平衡状態であるとみ
　　なせるので温度が定義できる系である．

である．^{238}U に ^{48}Ca を「そっと」くっつけた場合と，^{208}Pb に例えば，^{70}Zn（原子番号 30 番）といった原子核を「そっと」くっつけた場合で，融合直後の励起エネルギーが ^{238}U$+^{48}$Ca のほうが倍以上高く，^{208}Pb$+^{70}$Zn のほうが低い，という関係がある．これは原子核の結合エネルギーの性質からくるものであるが，このように，^{238}U などの変形原子核に原子核を照射して高い励起エネルギーを与えるような融合反応を「熱い融合反応 (hot fusion)」と呼ぶ．一方で，^{208}Pb，^{209}Bi のように球形原子核に原子核を照射して低い励起エネルギーを与えるような融合反応を「冷たい融合反応 (cold fusion)」と呼ぶ．

この違いは脱励起の段階で対照的になる．熱い融合反応では脱励起で中性子を放出しつつ冷やすが，この過程で核分裂を伴う．励起エネルギーは中性子を 3～5 個放出する程の励起エネルギーをもっているのでこの間核分裂で壊れやすい．一方冷たい融合反応でも仕組みは同じだが，中性子を 1 放出する程度の低い励起エネルギーなのでその分壊れにくい．つまり脱励起では冷たい融合反応が有利である．

この 2 つの反応はドイツ GSI，ロシアドブナがそれぞれ実験で実証しつつ明らかになっていった．次節で両研究所の成果を紹介する．

1.10 ドイツの重イオン原子核反応～冷たい融合反応～

1969 年，西ドイツはヘッセン州のダルムシュタットに新たな重イオン研究所 (GSI[25]) を建設し，ユニバーサル線形加速器 (universal linear accelerator, UNILAC) を設置した（1975 年）（図 1.11）．

UNILAC は，ウランまでのすべてのイオンを，原子核衝突におけるクーロン障壁を超えるエネルギーまで加速できる．また，イオンのエネルギーを段階的に細かく設定することも可能である．イオン源はドブナで開発された多価イオン源の改良型を用い，標的は回転ターゲット（1 周の間に標的のダメージを軽減し，熱を下げる）を用いる．そして下流に生成分離器を設置する．

---

[25] Gesellschaft für Schwerionenforschung.

図 1.11 ドイツ GSI の線形加速器 UNILAC.

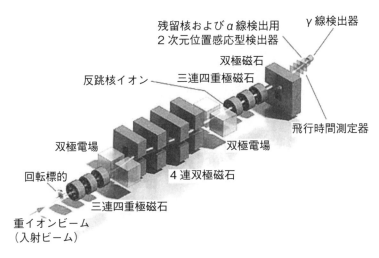

図 1.12 ドイツ GSI の重イオン反応生成物分離器 (SHIP).

　GSI の重イオン反応生成物分離器 (Separator for Heavy Ion reaction Products, SHIP) は飛んできた原子核を「速度」で分離する装置である（図 1.12）.これは電場と磁場の両方を用いた 2 つの選別システムから成り立っている.電場と磁場は，荷電粒子を反対の方向に曲げようとする.そこで，事前に設定した速度をもった原子核だけが，2 つの場の効果を打ち消し合い，装置の中心面に沿って通過するようにしておき，目的の超重原子核を手に入れる.このシステム内はすべて真空にしておく [6].

表 1.8　ドイツ GSI が成功した新元素合成.

原子番号	元素記号（名前）	合成した原子核反応	年
107 番	Bh (ボーリウム)	$^{54}Cr + ^{209}Bi \rightarrow ^{262}107 + n$	1981 年
108 番	Mt (マイトネリウム)	$^{58}Fe + ^{209}Bi \rightarrow ^{266}109 + n$	1982 年
109 番	Hs (ハッシウム)	$^{58}Fe + ^{208}Pb \rightarrow ^{265}108 + n$	1984 年
110 番	Ds (ダームスタチウム)	$^{62}Ni + ^{208}Pb \rightarrow ^{269}110 + n$	1994 年
111 番	Rg (レントゲニウム)	$^{64}Ni + ^{209}Bi \rightarrow ^{272}111 + n$	1994 年
112 番	Cn (コペルニシウム)	$^{70}Zn + ^{208}Pb \rightarrow ^{277}112 + n$	1996 年

　このシステムが極めてうまくいき，GSI は 1981〜1996 年までの間に，107 番から 112 番までの元素を合成することに成功した（表 1.8）.

　標的として ^{208}Pb および ^{209}Bi を用い，ビームエネルギーを慎重に選び（励起関数の測定），この系は中性子を 1 個出す「冷たい融合反応」であるとし，次々と新元素の合成に成功した．それぞれ合成した原子核はすべて α 崩壊の連鎖崩壊をして既知原子核に到達した（同定の方法は図 1.8 のとおり）．検出器上では，ある点に打ち込まれた超重原子核が（打ち込まれたエネルギーを観測），同じ場所から立て続けに α 崩壊に相当するシグナルを発した，という事象である．これが複数回同じエネルギー，同じ時間間隔（量子力学的な稀事象なのでポアソン分布の統計の範囲には広がる．その平均をとって平均寿命となる）の事象が観測されれば，偶然のシグナルではないとされ，連鎖事象が起こったと結論づけられる.

　GSI が観測した原子核の崩壊連鎖が既知原子核の崩壊様式と一致したことにより既知原子核とつながり，崩壊連鎖を遡ることにより合成した超重原子核を同定した.

　GSI は 1980〜1990 年代までに 107 番元素から 112 番元素の 6 個の元素を合成・発見した.

1.11　ロシアの重イオン原子核反応〜熱い融合反応〜

　ロシアではドブナの原子核共同研究所 (JINR) でユーリ・オガネシアン（Yu.

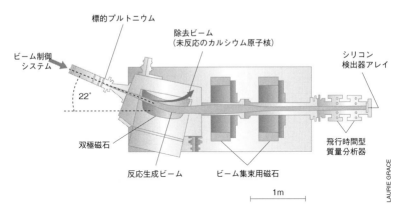

図 1.13　ドブナ気体充填型反跳分離装置 (Dubna Gas-Filled Recoil Separator, DGFRS) [7].

Ts. Oganessian, 1933 年-) が中性子過剰核 ^{48}Ca を用いた合成実験の準備を進めていた．重イオン・サイクロトロン加速器で ^{48}Ca を照射し，実験を行った．彼らはビームを ^{48}Ca とした他に，下流の分離器も速度差ではなく，ガス充填型の分離装置を用いた（図 1.13）．この方法は（次の日本の箇所で説明するが）速度差の方法よりも，粒子の識別において，より性能が向上する．

　問題となるのは標的である．^{48}Ca との融合反応で 110 番付近以上の合成の標的になりうるのはプルトニウム，アメリシウム… といったアクチノイド元素である．プルトニウムについては用意できたが（チタンの薄膜の上に ^{244}Pu を数 mg 蒸着した標的を作成），キュリウム，バークリウム，カリフォルニウムなどは標的作成に実績のあるアメリカ（ローレンス・リバモア国立研究所およびオークリッジ国立研究所）との研究協力で用意してもらうことにした．

　最終的に 1996 年の 114 番元素の合成を始め，118 番までの合成に成功した（表 1.9）．これらはすべて"熱い"融合反応である．このうち 114 番，116 番元素については先行して 2012 年に認定された．このうち 116 番がリバモリウムと命名されたのは標的をローレンス・リバモア研究所が提供したという研究協力によるものである．113, 115, 117, 118 番元素に関しては国際的に認定されるには少々時間がかかった（この章の最初を参照）．この経緯と結果については

表 **1.9**　ロシアのドブナ (Dubna) の研究所が成功したと報告した新元素合成.

原子番号	元素記号（名前）	合成した原子核反応	年
114	Fl（フレロビウム）	$^{48}Ca + ^{244}Pu \rightarrow ^{289}114 + 3n$	1998 年
115	Mc（モスコビウム）	$^{48}Ca + ^{243}Am \rightarrow ^{287}115 + 4n$	2003 年
116	Lv（リバモリウム）	$^{48}Ca + ^{248}Cm \rightarrow ^{293}116 + 3n$	2000 年
117	Ts（テネシン）	$^{48}Ca + ^{249}Bk \rightarrow ^{294}117 + 3n$	2009 年
118	Og（オガネソン）	$^{48}Ca + ^{249}Cf \rightarrow ^{294}118 + 3n$	2002 年

次の日本の成果と関連するのでその箇所で説明する.

1.12　日本の重イオン原子核反応〜ドイツ・ロシアとの競争〜

1.12.1　準備段階

　日本では，理化学研究所で超重元素の実験を試みていた．森田浩介（1957 年-）が理研の超重元素合成の研究を担当し，気体充填型反跳分離装置 (Gas-filled Recoil Ion Separator, GARIS) を開発した（図 1.14）．1988 年にいったん完成し，2000 年に当時進行していた理研 RI ビームファクトリー（図 1.15）の建設の中，GARIS を線形加速器 (RIKEN Linear Accelerator, RILAC) の直下に移設した際に再調整し，環境が整った．

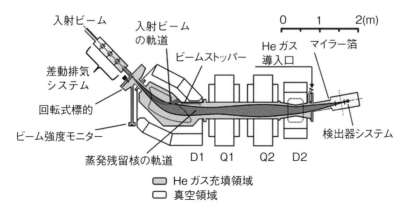

図 **1.14**　理研の気体充填型反跳分離装置 (GARIS).

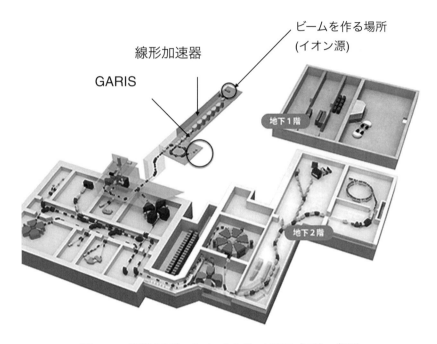

図 **1.15**　理研 RI ビームファクトリー RIBF（口絵 2 参照）.

　2000 年の時点で超重元素はドイツ GSI の「冷たい融合反応」による 112 番元素までと，ロシア JINR の「熱い融合反応」による 114 番元素，116 番元素までが報告されていた（名前の認定は 109 番まで）．理研は「冷たい融合反応」の反応を選び，113 番元素の合成を目指すこととした．「冷たい融合反応」は GSI が先行研究をしているので彼らのこれまでの実験の追試（再現）をしつつ，同時に装置設定の最適化を行い，経験を積むことにした．

　GSI での 112 番元素は

$$^{70}\mathrm{Zn} + {}^{208}\mathrm{Pb} \rightarrow {}^{277}[112] + 1\mathrm{n} \tag{1.6}$$

の反応であった．これの標的を $^{209}\mathrm{Bi}$ に変えることにより

$$^{70}\mathrm{Zn} + {}^{209}\mathrm{Bi} \rightarrow {}^{278}[113] + 1\mathrm{n} \tag{1.7}$$

の実験を行うこととした．

　GARIS での実験としてフランシウム Fr の新同位体合成などの成果はあったが，超重元素の研究を実質的に行ったと言えるのは 1999 年にアメリカのローレンス・バークレー国立研究所の 118 番元素の合成報告の追試からである．これはヴィクトル・ニノフが 1999 年に「^{208}Pb+Kr 反応で 118 番元素の合成に成功した」と報告し，当時ロシアのドブナで 114 番元素の報告しかされていない中，一気に原子番号が 4 つも上の元素の報告であり，驚きをもって受け止められた．

　理研でこの追試実験（反応系は別だが）を 2000 年に 2 週間かけて行い，118 番元素を確認することはできなかった．結局ニノフが実験データを改竄していたと，いうことが明らかになり，さらに彼の前職である GSI でも 110-112 番元素の合成実験で，一部のデータが捏造されていたと発覚した．118 番の実験は取り消されたが，110-112 番元素は GSI ですぐに追試が行われ，再現性があると確認された[26]．

1.12.2　GARIS

　ここで充填気体分離の特徴を真空分離と比較して述べる．

　真空分離は前述のとおり，真空中のイオンの通り道に電磁場を加えてイオンの速度差を利用する分離である．真空での設定なので粒子の軌道と時間経過の位置がきちんと計算でき，磁場，電場の設定も正確に行うことができる．

　一方の気体充填型反跳分離装置は複数のイオンを気体が充填された磁場内で曲げる装置である．磁場を掛けた場合，真空中であれば曲げられる半径はイオンの電荷で決まる．しかしイオンがどれだけの電子がはぎ取られたかは統計的にしか決まらない．しかしそこにヘリウムなどのガスを充填しておくとイオンが飛んでいるうちにヘリウムのガスと衝突し，電荷が減ったり増えたりしながら，最初はどんな電荷状態であろうと，最終的には平均的な電荷（平衡電荷）となり，同じ軌道半径になる．この原理により多少軌道を外れても拡散せずに狭い（GARIS の）出口で受け取ることができる．このことはいったん軌道を外れると拡散してしまう真空型に比べて収量において有利に働く，ということを

---

[26] ベル研シェーン事件も同時期に起こっている．ニノフは 2002 年に解雇された．

意味する．ただし飛翔する粒子とガスの相互作用により生まれる軌道の理論計算は事実上できず，経験則を積み重ねて最適値を探す，という作業が不可欠となる．

1.12.3　加速器

　理研の線形加速器 RILAC の最大加速エネルギーは 2000 年頃までは 1 核子あたり 2.5 MeV であった．この値は超重元素合成のクーロン障壁を超える融合エネルギー（おおむね 5 MeV が必要）に達していない．そこで 2000 年に RILAC の出口に荷電状態倍率器 (Charge-State Multiplier, CSM) を 6 台導入し，1 核子あたり 6 MeV のビームエネルギーを出せる体制にした．この CSM は東京大学原子核科学研究センターの協力のもと設置された．

1.12.4　実験

　理研では 2001 年頃から本実験の準備にとりかかった．2002 年 2 月に GSI の追試から 113 番元素合成に至る一連の実験のキックオフにあたる会合が開かれ，実験関係者と打ち合わせを行った（図 1.16）．

　準備実験は順調に進み，GSI の実験を再現していった（表 1.10）．特に 110 番合成実験については励起関数を測定し，GSI のピークエネルギーと理研 GARIS のそれとの比較で入射ビームエネルギーの不一致 [27] があることを認識し，独自のエネルギー測定をしつつ，自信をつけることにもなった．収量も GSI の 2 倍の統計をためていることがわかり（111 番元素），GARIS が期待どおりの性能を示していることもわかった．さらに思わぬところで有利だった点として，標的の冷却効果が GARIS の気体充塡により思いのほか効いたことである．加速器運転の方々の尽力で大強度ビームをもらうことになったが，強度が増しても標的が破れないようにする必要がある．実はこの頃 GSI でこの問題が発生するようになった．GSI は標的を真空内に設置していて，標的の温度が上がっても輻射または回転軸（標的は回転式で設置している．理研も同様）でしか熱を逃

---

[27] およそ 4 MeV 程度．これは標的膜の上流と下流の点でのエネルギー差に相当．

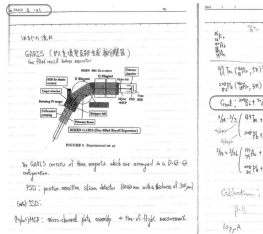

図 **1.16**　2002 年 2 月 21 日のキックオフミーティングのときの筆者のメモ. 113 番元素の反応「Goal: ^{209}Bi+^{70}Zn → ^{279}[113]* 0.6 pb」の記載が見える. このときの参加者は森田, 森本, 加治, 井手口, 小澤, 須田, 米田, 吉田, 小浦.

せないが, 理研 GARIS ではヘリウムガスが標的にも充満している. ガスが熱を運び去る仕組みにより, 回転標的が 1 回転する間に温度を下げる働きがあることがわかった. ビーム強度増強に対して安心して利用できることはギリギリのところで実験を行う立場としてはありがたいことであった [28].

　さらに, GARIS は加速器の最上流に位置しているので（図 1.15 参照）, 下流で不調が生じて休止になっても急遽の単独実験ができることがある. このこともやはり良い方向に働いた.

　表 1.10 で 2003 年 9〜12 月に 113 番実験をしているが, これは GSI が 2003 年 8 月末-11 月に同じ反応系で実験を始めたのがわかったからである. そこでここまでの実験で基本的な準備が済んでいることもあり, 112 番実験の追試を飛ばし, 113 番実験を実施することになった. GSI は 11 月までの実験で事象は見つからず, 理研でも事象を見つけることができず, 予定のマシンタイムを終

---

[28] GSI は後に気体充填型分離器 TASCA(TransActinide Separator and Chemistry Apparatus) を開発している. 2004 年頃から開発しており, 113 番以降の新元素合成という点では遅れをとったが, 執筆時点で超重元素の研究に関して多くの成果を出している.

表 1.10　2003年までの準備実験および113番実験の第1回. 筆者の 2003年2月のノートより.

年月	実験名	反応系	合成原子核数	エネルギー点	ビーム量
2002年7月	108番追試	$^{208}Pb+^{56}Fe$ $\rightarrow^{265}[108]+1n$	10	1	4×10^{18}
2002年7-11月	110番追試	$^{208}Pb+^{64}Ni$ $\rightarrow^{271}[110]+1n$	14	4	4×10^{18}
2003年	111番追試	$^{209}Bi+^{64}Ni$ $\rightarrow^{272}[111]+1n$	14	3	1.3×10^{18}
2003年9-12月	113番合成 (第1回)	$^{209}Bi+^{70}Zn$ $\rightarrow^{278}[113]+1n$	0	1	1.2×10^{18}

了した.

　一方, ロシアのドブナが 2003年に 115, 113番元素を合成したとし, 2004年2月の論文で報告した (表 1.9).

1.12.5　2004年7月23日

　2004年7月になり, 理研の加速器施設の下流で実験ができないことになり, 急遽 RILAC+GARIS で 3週間のマシンタイムを得ることになった.

　7月23日の夕方, 113番元素からの 4つながりの α 崩壊連鎖および最後の1つの自発核分裂を観測した (図 1.17). 当番は奇しくも森田氏自身であった (図 1.17). 数値以外は開けていた論文原稿を完成させ, 1週間後の 7月30日に日本物理学会誌欧文誌 JPSJ に投稿, 受理された [8]. 日本で初めて新元素が合成された瞬間であった.

1.12.6　認定ならず

　実験はその後も続けられ, 2005年4月にも 1イベントの観測がされた [9]. そして 2006年1月に IUPAC および IUPAP の合同作業部会 (JWP) からコール (新元素を発見したとする主張 (Claim) の受付) の案内がかかった. 理研グループはコールに応じ, 合計 2イベントのデータと根拠説明を持って 113番元素の優先権を申請した. しかし審議の結果, この時点での優先権は認められなかっ

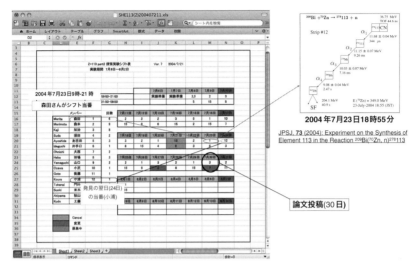

図 **1.17**　^{278}113 発見時 (2004 年 7 月，1 事象目) のシフト表.

た (2011 年). 理由は「2 個では観測量が少ない」,「既知核とのつながりが確立
していない」ということであった. それとは別に以下に述べるようにロシアと
の実験結果との関係も微妙であった (図 1.18).

　ロシアのドブナでは 2004 年 2 月に ^{48}Ca+^{243}Am → ^{287}115+4n の反応を発表
している. この ^{287}115 は α 崩壊をするので，その娘核は ^{283}113 である. つまり
113 番元素も合成している，という主張である. 図からわかるように日本の理研
のデータはその時点で既知核種の ^{262}Db までたどり着いている. しかし ^{262}Db
が自発核分裂で終わっている. 核分裂は (α 崩壊のような意味で) 核種の同定に
使うのは難しい (本当に ^{262}Db の自発核分裂かわからない) という問題がある.

　一方のロシアのデータであるが，これらはすべて未知核種である. 未知核種
の α 崩壊が連鎖し，最後も未知核種の自発核分裂で終了している，核種の同定
としては認定たりえない，という結論であった. そうすると，日本の場合はデー
タの蓄積と，α 崩壊で既知核種と一致する崩壊を観測することが重要であるこ
とがわかった. 一方，ロシアのデータは既知核種にたどり着くことは叶わない
が，統計をためることでデータの確度を高める，ということが重要となる.

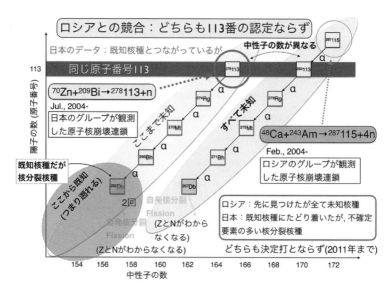

図 **1.18**　113 番元素の日本とロシアの合成の比較データ．2006 年までのデータ．

1.12.7　補強実験

　理研では ^{278}113 からの α 崩壊連鎖データの補強のため，ひ孫核である ^{266}Bh 合成実験を行った（2009 年 1 月）．^{248}Cm+^{23}Na → ^{266}Bh+5n 反応による ^{266}Bh 生成実験を行ったところ，^{266}Bh 娘核の ^{262}Db が α 崩壊と自発核分裂と 2 つの崩壊様式をもち，その分岐比は 1:2 程度であることがわかった（図 1.19）[10]．つまり，^{262}Db は 3 回に 2 回は自発核分裂，1 回は α 崩壊をすることが予想される．

(a)　震災，そして 114 番と 116 番に新元素名が決定

　2011 年 3 月 11 日．東北地方を中心に東日本大震災が起こった．日本に甚大な被害を与えた災害は科学研究にも影響を与えた．電力の不足により計画停電などの電力調整の中，113 番実験は特別の配慮で実験を進めることができた．それでも 2005 年の 4 月の 2 イベント目以降は観測にかからず，2012 年秋をもって終了という話が議論されていた．

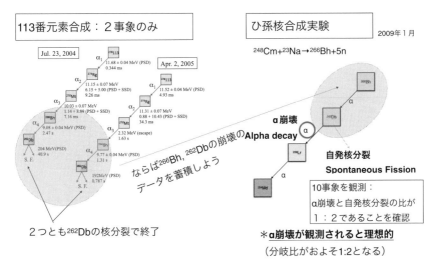

図 1.19　^{266}Bh 実験. ^{278}113 のひ孫核データ.

　2012 年 5 月 30 日，国際純正・応用化学連合 (IUPAC) はロシアのフレロフ原子核反応研究所からの主張を認め，114 番元素を Flerovium（Fl，日本語名はフレロビウム），116 番元素を Livermorium（Lv，日本語名はリバモリウム）と決定した．これにより周期表に新たに 2 つの元素が加えられた．この 2 つの元素の根拠となった原子核の崩壊はすべて未知核種の α 崩壊から未知核種の自発核分裂である．すべて未知核種であるが，何度も繰り返し実験を行い，何度も同じ事象を観測した，という主張が認められた結果である．この 114 番・116 番元素の合成は，陽子・中性子がともに偶数である偶偶核を含んでいる．偶偶核の場合，α 崩壊は基底状態同士を遷移しやすいという特徴があり，その意味での不定性が少ない，という利点がある．言い換えるとデータの曖昧さがより少ない．

　しかしこれはロシアの 115 番，113 番元素の主張にも適用できる説明でもある．ロシアの 115 番，113 番は偶偶核ではないのでデータのばらつきがあるが，既知核種に必ずしもたどり着かなくても統計をためさえすれば同定できる，ということとなりうる．113 番元素の先取権のなりゆきに影響を与えるかもしれない．

1.12.8　そして 3 イベント目

2012 年 8 月 12 日，理研でついに 3 つ目の 113 番元素のイベントが発見され
た [11]（図 1.20）．^{278}113 からの α 崩壊連鎖は今度は ^{262}Db を α 崩壊で貫き，
次の ^{258}Lr も α 崩壊する結果となった[29]．これにより既知核種の ^{262}Db の α
崩壊と一致するデータを得た．崩壊分岐比は核分裂と α 崩壊が 2 対 1 であり，
データは少ないとはいえ 2009 年に測定した結果と矛盾しない．

α 崩壊で貫いたデータを得たことで，前の 2 イベントとともにデータは完了
したと判断し，113 番合成実験は 2012 年 10 月 1 日にて終了した．

これまでの理研の 113 番元素実験の経過を表 1.11 にまとめる．足掛け 9 年
間，実日数 553 日にわたる照射実験であった．^{209}Bi に照射し続けた ^{70}Zn イオ
ンの数は 13.51×10^{19} 個，言い換えると 1 垓（がい）3 千 5 百京個で，そのうち
^{209}Bi と ^{70}Zn が衝突した回数は約 400 兆個．その結果，3 事象の ^{278}113 の合成
が確認された．

最初の予想断面積は 0.6 pb という見積もりもあった（図 1.16 に記載がある．

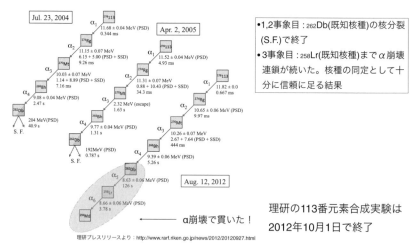

図 **1.20**　^{278}113 合成実験のまとめ．最終的に 3 事象が観測された．

---

[29] 次の ^{254}Md は 10 分の半減期で β^+ 崩壊または電子捕獲するので半減期が長すぎて
データに埋もれていると思われる．

表 1.11　理研 RILAC+GARIS での 113 番元素探索実験 (2003-2012) のまとめ.

year	beam time month/day	irradiation time [days]	beam dose/sum [$\times 10^{19}$]	number of observed event
2003	9/5-12/29	57.9	1.24/1.24	0
2004	7/8-8/2	21.9	0.51/1.75	1
2005	1/20-1/23	3.0	0.07/1.82	0
2005	3/20-4/22	27.1	0.71/2.53	1
2005	5/19-5/21	2.0	0.05/2.58	0
2005	8/7-8/25	16.1	0.45/3.03	0
2005	9/7-10/20	39.0	1.17/4.20	0
2005	11/25-12/15	19.5	0.63/4.83	0
2006	3/14-5/15	54.2	1.37/6.20	0
2008	1/9-3/31	70.9	2.28/8.48	0
2010	9/7-10/18	30.9	0.52/9.00	0
2011	1/22-5/22	89.8	2.01/11.01	0
2011	12/2-12/19	14.4	0.33/11.34	0
2012	1/15-2/9	25.0	0.56/11.90	0
2012	3/13-4/17	37.7	0.79/12.69	0
2012	6/12-7/2	15.7	0.25/12.94	0
2012	7/14-8/18	32.0	0.57/13.51	1
Total		553	13.51	3

断面積については第 6 章の最初を参照).　実際 2004 年に 1 イベント目, 翌 2005 年に 2 イベント目と観測された.　この時点では予想断面積程度の頻度かと思われたが, 結局 3 イベント目は 2012 年の 8 月まで待たなければならなかった.　最終的な断面積は 43 fb (0.043 pb) であった.　振り返ると極めて厳しい実験に取り組んでいたということがわかる.

1.12.9　命名優先権の取得, そしてニホニウム

　2015 年 12 月 31 日.　IUPAC から正式に理研 (代表:森田浩介) に 113 番元素の命名権が与えられた.　3 つ目のイベントが重要な決め手になったが, データとしては 2004 年のデータを含めて 3 イベント, そして ^{266}Bh を含めて 4 論文が対象となった.　113 番元素は 2004 年に初めて合成した, という結論である (図 1.21).

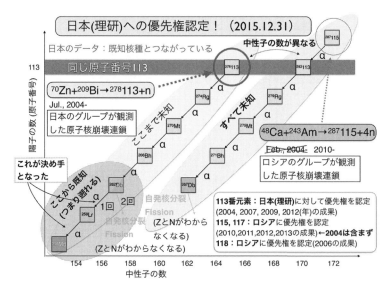

図 **1.21**　日本（理研）への優先決定の理由の説明図（口絵 3 参照）.

　一方ロシアの命名権であるが，115，117，118 番に対して命名権が与えられることになった．ロシアが提出した論文のうち，113，115 番元素を合成したとした 2004 年 2 月の論文報告は，データとして不十分であるということで命名権の認定からは外され，その後に実験が行われた 2010 年の論文の報告以降をもって認定をするということになった．つまり，115 番元素は 2010 年に初めて合成したと認める，という結論となった．この結論は，付随して（α 崩壊で）合成された 113 番元素も 2010 年に初めて合成したということも意味している．したがって，113 番元素は 2004 年に日本が，次いで 2010 年にロシアが合成に成功した，という結論になった（図 1.21 内の説明も参照）．

　並行して 117 番，118 番元素に対しても命名権がロシアに与えられることになった．ロシアはこの時点で 115 番元素を 50 個以上合成しており，統計としては十分たまっている．ロシアのデータは既知核種に到達していないが，その統計の多さ（何度も繰り返して同じ結果を得ている）で認定に至っている [12].

　2016 年 2 月 19 日，日本の 113 番元素合成メンバーが理研に集まり，113 番元

素の名前についての会議が行われ，候補名が決定された．そして 2016 年 6 月 8 日に元素名「ニホニウム (nihonium)」，元素記号「Nh」が候補名として公開された（パブリックビュー）．そして 2016 年 11 月 30 日に 115, 117, 118 元素と同時に IUPAC から正式に決定された．

　日本では，2017 年 3 月 14 日にニホニウム命名式典が日本学士院にて開催された．皇太子殿下（当時）御臨席のもと，IUPAC 会長のタチアナ・タラソフにより，「ニホニウム命名宣言」が行われた．祝賀会では実験グループメンバー（図 1.22）および関係者の多くが参加し，ニホニウムの命名を祝い，互いの健闘を称えあった．

秋山隆宏
市川隆敏
井手口栄治
大江一弘
大西哲哉
小澤顕
大関和貴
笠松良崇
加治大哉
鹿取謙二
カヌンゴ リッパルナ
刈屋佳樹
菊永英寿
工藤久昭
工藤祐生
小浦寛之

後藤真一
小森有希子
酒井隆太郎
佐藤望
シュ フーシャン
末木啓介
須田利美
住田貴之
武山美麗
田中謙伍
ツアオ ユウリアン
塚田和明
門叶冬樹
生井沙織
長谷部裕雄
羽場宏光

ファン ミンフイ
ファン ティアンヘン
藤森康幸
増子恭博
眞山圭太
光岡真一
村上昌史
村山裕史
森田浩介
森本幸司
森谷透
山木さやか
山口貴之
米田晃
吉田敦
若林泰生

（五十音順）

図 1.22　ニホニウム実験グループメンバー一覧（ニホニウム 4 論文共著者）.

1.13　まとめ

　新元素合成・発見は「原子核が陽子・中性子の複合体である」, という認識を得たのち, 研究者は次々に新元素を（新原子核という形で）作ってきた. その流れをまとめると

- 1940-1970 年代：アメリカのバークレーによる 93 番元素 Np-106 番元素 Sg
- 1960-1970 年代：ソ連のドブナによる 105 番元素 Db（1 個）
- 1980-1990 年代：ドイツの GSI による 107 番元素 Bh-112 番元素 Cn（6 個）
- 2000-2010 年代：日本の理研による 113 番元素 Nh（1 個）
- 2000-2010 年代：ロシアのドブナ（＋アメリカの標的提供）による 114 番元素 Fl-118 番元素 Og（5 個）

となる. アメリカのバークレーは 1940 年代から世界初の加速器の開発をもとに原子核合成の手法を確立し, アクチノイドの開拓をして行った. これに伍する形でソ連のドブナも対応し, 104-106 番元素の合成競争を行って行った. ソ連のドブナで開発した重イオン合成のアイデアを萌芽にし, ドイツ GSI は重イオン加速器による原子核の合成法を確立し, いわゆる「冷たい融合反応」により新元素を 6 個合成した. ロシアは ^{48}Ca ビームという, 他の研究所にはない利点を生かし, 標的もアクチノイドを利用することによる新元素を 5 個合成した. 5 個のうち 2 個（リバモリウム, テネシン）をアメリカに命名権を分けた.

　このような流れの中で割って入った形となったのが日本の理研である. 日本は線形加速器 RILAC と粒子分離器 GARIS を組み合わせ, ドイツ GSI が開発した冷たい融合反応を利用し, 112 番元素合成を延長した方法で 113 番元素の合成に成功した. 加速器の高性能, GARIS の粒子分離能力と高収率, そして熾烈な国際研究競争となった中, 最適と信じた設定をブレずに継続し,「愚直に」[30]実験を進め切った結果であろう.

---

30) 森田氏がことに触れて使っていた言葉である. 今回の過酷な実験に取り組むにあたって象徴的な言葉である [12].

1.14 超重元素探索研究の今後

1.14.1 冷たい融合反応か熱い融合反応か

　図 1.23 は，1980 年代以降のドイツ，日本，ロシアの「冷たい融合反応」と「熱い融合反応」の核図表上のまとめである．ドイツ，日本の「冷たい融合反応」が核図表上の左側（中性子欠損側）に位置し，ロシアの「熱い融合反応」が右側に位置している．日本およびドイツの「冷たい融合反応」はすべて既知原子核に α 崩壊連鎖に到達しているのに対して，ロシア「熱い融合反応」はすべて自発核分裂で α 崩壊連鎖が終わっている．

　「熱い融合反応」は生成断面積の面では「冷たい融合反応」より有利である．それは例えば 113 番元素が日本が 3 個に対して，ロシアが 51 個（2015 年末の認定時のデータより）生成したという結果に現れている[31]．その意味では ^{48}Ca を用いた熱い融合反応のほうがその意図として成功したと言える．しかし思わ

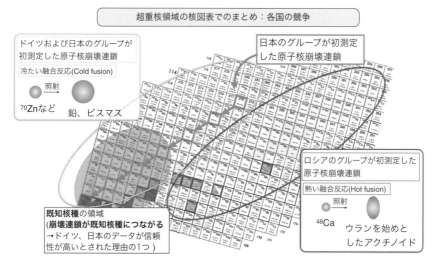

図 **1.23**　冷たい融合反応と熱い融合反応の核図表上の位置の比較.

---

31) この点の議論は第 6 章でも触れる.

ぬところで熱い融合反応にとって不利だったのは，生成した原子核のα崩壊が
すべて自発核分裂で止まり，核図表上の既知核領域に到達できなかった点であ
る[32]．これが日本（理研）の113番元素に結果として有利に働いたと言える．

1.14.2　119番元素，120番元素，そして...

　理研が行った「冷たい融合反応」^{70}Zn+^{209}Bi→^{278}Nh+1n の次を進めるとす
ると ^{76}Ge ビームと ^{208}Pb 標的での114番元素合成となる．しかし，すでに数
十 fb に達した断面積がさらに1桁程度下がると予想される．この調子で119番
元素まで拡張しても，断面積が極めて小さくなるのは十分予想できる．この方
法で進むのは「熱い融合反応」の断面積との比較でやはり不利となる．

　「熱い融合反応」ではロシアが開拓した118番元素までの原子核崩壊連鎖の
データが蓄積されたことで，これらを既知核として利用することができる．今
後は，119番以降の新元素合成はアクチノイドを標的にし，入射ビームを ^{48}Ca
より重い原子核 (V, Cr, Mn, Fe...) といった「熱い融合反応」を中心に進んで
いくであろう．標的はアメリカ（ローレンス・リバモア国立研究所，オークリッ
ジ国立研究所）が実績がある．ビームは大強度加速器が必要となる．この両方
がうまく組み合わさったところが成功を収めるであろう．

　一方，半減期の長い元素の探索という意味では，この核種領域では原子番号
105番の ^{270}Db（中性子数165）が15時間の半減期と，まだ1日を切る程度で
ある．長寿命の原子核は中性子数が184と予想されるので（陽子数は110あた
りから），こちらの探索も大きく進展することを期待したい．

　以上，118番元素までの元素発見の歴史と経緯を紹介した．次章からは原子
物理，原子核物理から見た超重元素，超重核について，やや専門的観点から紹
介していく．

---

[32] この原因に対する筆者の見解は第5章の図5.15を中心とした説明で示す．

この章以降から物理学をもとにした超重元素・超重核に関する内容について
説明する.

　この章では原子の構造について, 特に孤立原子系の電子軌道の閉殻性と周期
表との関係についてやや詳説する. ポイントは以下の点である.

(1) 非相対論的な量子力学が元素の周期律をおおむねよく説明できる

(2) 一方で原子番号が大きくなると相対論的量子力学の議論が必要となる

(3) 特に超アクチノイド, 超重元素では周期律そのものが破れつつある

2.1　水素様原子〜1電子系〜

水素様原子の解

　まず解析解が得られる場合として電荷 Ze（Z は原子番号で整数, e は電気素
量）の原子核に1個の電子が取り巻いている状態を考える. このような系を水
素様原子 (hydrogen-like atom) と呼ぶ. 電子1個であるので電子間相関を考慮
しなくてよい.

　量子力学ではハミルトニアンは演算子 $\hat{H}$ で書かれ, 以下の基礎方程式

$$\hat{H}\Psi = E\Psi \tag{2.1}$$

に従う. これを満たす Ψ と E の組が固有状態と固有値である. 系が束縛系で
あれば離散的な固有値が得られる. 水素様原子のハミルトニアンは

$$\hat{H} = -\frac{\hbar^2}{2m}\nabla^2 - k_0\frac{Ze^2}{r} \tag{2.2}$$

となる．r は電子と原子核の距離，∇ は位置座標に関するベクトル微分演算子，$\hbar$ はディラック定数，m は原子核と電子の2体系における換算質量，k_0 はクーロンポテンシャルの係数である．これを式 (2.1) に代入すればいわゆるシュレディンガー方程式になる．この解はシュレディンガー方程式の解析解の1例として多くの量子力学の教科書に載っており，

$$E = -\frac{k_0{}^2 mc^4}{2\hbar^2}\frac{Z^2}{n^2}\ (n=1,2,3\cdots)$$
$$= -13.6\frac{Z^2}{n^2}\ (\text{eV}),\ (1\ \text{eV} = 1.602176634 \times 10^{-19}\ \text{J}) \tag{2.3}$$
$$\Psi = R_{n,l}(r)Y_{l,m}(\theta,\phi) \tag{2.4}$$

となる（式 (2.3) 中の c は光速）．

(a)　量子数

式 (2.3) の n，および式 (2.4) 内の各関数の添字は固有状態を定める量で，「量子数」と呼び，n：主量子数，l：方位量子数，m：磁気量子数である．n は波動関数の節 (node) の個数に対応し，1, 2, 3, $\cdots$ の整数，l は軌道角運動量の大きさに対応し，n に対して 1, 2, 3, $\cdots$, $n-1$ までの整数，m は軌道角運動量の z 成分に相当し，磁場を掛けたときの固有状態の分離数でもあり，$m = l, l-1, l-2, \cdots, -l+1, -l$ までの $2l+1$ 通りである．$R_{n,l}(r)$ は動径関数，$Y_{l,m}(\theta,\phi)$ は球面調和関数である．

シュレディンガー方程式の解に加えて，電子はスピン下向き $\hbar/2$ と下向き $-\hbar/2$ の2成分の固有なスピン s をもち，これも電子状態を定める[1]．まとめると電子は n,l,m,s の4つの量子数でその状態が定まる．

(b)　軌道の名称

主量子数 n が $n = 1, 2, 3, 4, \cdots$ の状態は，K からアルファベット順に K, L, M, N, $\cdots$ 準位または軌道という表記で表すという習慣になっている[2]．それぞれの状態に収容できる電子の数は今回のようなクーロンポテンシャルの場合，

---

[1] 相対論的扱いではスピンという2成分は自動的に式に現れる．
[2] K から始まっているのは提唱当時，これより内側に状態があるかもしれない，という可能性を考慮した歴史的な経緯からである．現在でもそのまま用いられている．

$2 \times n^2$ 個,つまり 2, 8, 18, 32, ⋯ 個となる[3].

K,L,M,N,⋯ 軌道を詳細に見ると,さらに細かい構造が含まれている.これは軌道角運動量 l と呼ばれる物理量で区分されるものである.$l = 0$ で運動する軌道は s 軌道,$l = 1$ は p 軌道,以下 d 軌道 ($l = 2$),f 軌道 ($l = 3$),g 軌道 ($l = 4$)⋯（以下はアルファベット順）と表記される.名称の由来について図 2.1 に示す.この名称は軌道角運動量 l を言い換えているだけなので,原子核物

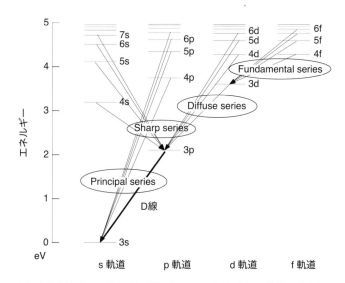

図 2.1 ナトリウム原子のエネルギー準位と発光の様子（spdf 軌道の由来）.
ナトリウム原子（原子番号 11）の基底状態は 3s 軌道に電子が 1 つ詰まった状態である（それより低い準位には合計 10 個の電子がすでに詰まっている.本図では省略）.
原子を励起させた状態から脱励起する際に発光が起こるが,光子は自身でスピン 1 をもっており,準位を移る際は大抵スピン 1 だけ変わる（E1 遷移）.よって図中に示した遷移のみが起こる.その際
$l = 1 \to 0$ (p → 3s) は「主要な Principal (p)」
$l = 0 \to 1$ (s → 3p) は「鋭い Sharp (s)」
$l = 2 \to 1$ (d → 3p) は「ぼやけた Diffuse (d)」
$l = 3 \to 2$ (f → 3d) は「土台のように広がった Fundamental (f)」
と表現される特徴的な遷移スペクトルが生じる.これが s, p, d, f 軌道名の由来である.

---

[3] 原子核などに用いられる調和振動子や井戸型ポテンシャルでは異なる数となる.

理, ハドロン物理でも軌道角運動量 l の名称として使われる.

　さて, K 軌道 ($n=1$) は 1 つ (1s) の軌道が含まれるが, L 軌道 ($n=2$) は 2 種類 (2s, 2p) に, M 軌道 ($n=3$) は 3 種類 (3s, 3p, 3d) に, N 軌道 ($n=4$) は 4 種類 (4s, 4p, 4d, 4f) といったように分かれる[4].

　軌道 l に入る電子の数は $2 \times (2l+1)$ で表される. s 軌道 ($l=0$) には 2 個, p 軌道 ($l=1$) には 6 個, d 軌道 ($l=2$) には 10 個, f 軌道 ($l=3$) には 14 個 $\cdots$ が上限である. この規則が電子に周期性を与える原因になっている.

2.2　原子の閉殻構造〜多体電子系〜

2.2.1　複数の電子の原子系

　電子が N 個の原子 (原子番号 Z) になると, ハミルトニアンは

$$\hat{H} = \sum_i^N \left[-\frac{\hbar^2}{2m}\nabla_i{}^2 - k_0\frac{Ze^2}{r_i} \right] + \sum_{i>j} k_0 \frac{e^2}{r_{ij}} \tag{2.5}$$

のように表される. 最後の項に電子間の相互作用 (斥力) が加わっている. このような多粒子が関わる問題は解析的には解けず, 近似を使って式を簡単化するか, 式を直接数値計算で解くことになる. 以下定性的な性質について述べる.

2.2.2　縮退が解ける多電子原子の電子配置

　水素様原子では主量子数 n を指定すれば, エネルギー固有値は式 (2.4) のとおり, 同じ値をとる (2s と 2p は同じエネルギー, 3s と 3p と 3d は同じエネルギー, $\cdots$). これを "縮退している" と表現する. 実際水素原子では電子は 1 個なのでそのような縮退が起こっている[5].

---

[4] クーロンポテンシャル下の性質であり, 原子核の調和振動子や井戸型ポテンシャルでは異なる.

[5] 実際には水素原子でも同じ n でもはわずかながら差が生じる. これは, 量子電気力学 (Quantum Electro-Dynamics; QED) の範疇で生じる, 電子の自己相互作用による効果である. これを Lamb シフトと呼ぶ. その数値は水素原子の 2s と 2p 間の場合 4.35152×10^{-5} eV である. また, Z^4 に比例するので $Z=100$ なら 10^8 となり, keV 程度の差異が生じると見積もられる. 例えばウラン ($Z=92$) の水素様イオンでは 470 eV という非常に大きな値となる.

しかし電子が複数個存在すると，そのようなエネルギーが分岐する，つまり縮退が解ける．このようなことが起こるのはその系のある対称性が破れているからであると理解でき，いくつかの起因があるが，ここでは原子物理でよく言及される「遮蔽」効果について述べる．電子が多数あると，その相対的位置関係から原子核の正電荷を他の電子の負電荷が「遮蔽」するように見ることができる．この遮蔽は電子が原子核の中心に近いほど弱くなる．s, p, d, ⋯ 軌道では軌道角運動量が小さいほど原子核の中心にあるので s が一番遮蔽が小さく，次いで p, d, ⋯ と l が大きくなるほど遮蔽効果は大きくなり，エネルギーは上のほうに上がる．結果として，l が小さい軌道のエネルギーが下がり，l が大きい軌道が上がる．同じ主量子数 n ではこれにより，エネルギーの相対関係が決まる．その他いくつかの要因で縮退は解ける．

2.2.3 原子の閉殻構造

このような効果を含めた多体計算により電子準位が求められれる．そのような準位の概略図を図 2.2 に示す．

この図を説明する前に一言説明する点がある．それはこの 1 枚の図で原子の軌道をすべて表したような図となっている点である．実際には原子が変われば原子核の電荷，電子の数ともに変わるので，原子のエネルギー準位は原子ごとに異なり，しばしば準位の逆転が起こりうる．であるので本来は原子番号 Z の数だけ，この図を用意して比較する必要があるが，ここでは原子の閉殻の傾向を原子系全体として議論したいので 1 つの図としての概略図で示す[6]．ここでの議論で必要なのは，原子番号 Z の原子に含まれる電子の，下からエネルギー順に積まれた Z 番目の電子[7] およびその付近の電子の振る舞いである．

さて，この図はエネルギ準位を主量子数 n ごと（つまり K，L，M，⋯ 殻ごと）に配置した構成で描いている．エネルギー準位は縮退が解け，同じ n でも 2s と 2p は分岐し，3s と 3p と 3d は分岐している（以下同様）．電子はエネルギーの低い順に軌道を占めていくので，下から 1s→2s→2p→3s→3p⋯ と詰

[6) この議論は原子核の単一粒子準位の説明図 3.7 でも同様である．
[7) 別の言い方ではフェルミ準位にいる電子．

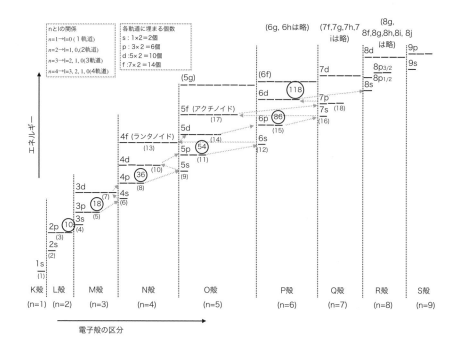

図 **2.2**　多電子系原子の電子準位の模式図. 水素様原子（1 体系の電子）ではそれぞれ
の n 殻で縮退しており, 例えば L 殻の 2s, 2p は同じエネルギー固有値になる.
一方多多電子系原子では縮退が解け, L 殻の例では 2s のエネルギーが下がり,
2p のエネルギーが上がる（縮退が解ける）. 他の殻でも同様に縮退が解け, 軌
道エネルギー準位が分岐して分布している. 準位エネルギーが低い順に括弧数
字 (1), (2), (3) ⋯ をつけた. 原子の閉殻がどこに位置するかを丸数字で示した
(10, 18, 36, 54, 86, 118). 既知原子では原子の閉殻はすべて p 軌道を埋める
ところに位置する. なお, 実際には原子ごとにこのような準位を計算して示す必
要があるが（原子を変えると準位の逆転がしばしば起こる）, 本図はそれを 1 枚
の図に「模式的」に表したものであることに注意.

まっていく. そして 3p の次は 3d ではなく, 3d よりエネルギーが低い 4s 軌道
が次となる. これは元素では原子番号 18 のアルゴン Ar の閉殻から原子番号 19
のカリウム K, 同 20 のカルシウム Ca に移ったことに対応する.

2.2.4 マーデルング則

　この様子を簡便に表したダイアグラムとして図 2.3 のような図形が知られている．この図は電子が K, L, M ⋯ の殻をすべて占有してから次に移るのではなく，軌道角運動量 l ごとに縮退が解けた軌道に順に埋まる様子を表したものである．具体的には $n + l$ が小さい順に，同じ $n + l$ なら l が大きい順に電子準位を占める，という法則となる．これをしばしばマーデルング則 (Madelung energy ordering rule) と呼ぶ．これは経験則であるが，縮退したときのエネルギーが大まかに $1/n^2$ で減少している傾向と，各 n ごとで縮退が解けて広がる程度の関係を表している．この図形による規則性は，少なくとも閉殻の予測に関してはよく実験事実を再現している（この系統性は超重元素で覆る．この章の後半を参照）．

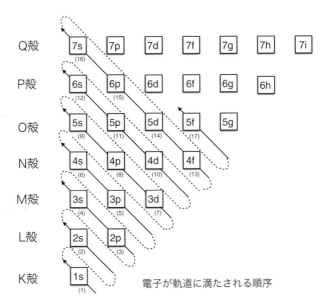

図 **2.3**　殻内の電子軌道，および電子が軌道に満たされる順序（マーデルング則）．K 殻には 1 軌道，L 殻には 2 軌道，M 殻には 3 軌道 ⋯ が構成されている．これらの軌道に電子は (1)1s, (2)2s, (3)2p, (4)3s, (5)3p, (6)4s, ⋯ と，括弧の数字の順に電子が詰まっていく．

2.2.5　周期表の第 1 周期から第 7 周期まで

さて，図 2.2 と図 2.3 を参考に，以下電子が軌道に埋まりきる順と，元素との関係，特に希ガス（貴ガス）[8]がどう現れているか示しておこう．

- 【第 1 周期】：水素 ($Z = 1$) の電子は K 殻の 1s 軌道を占め，ヘリウム ($Z = 2$) は 2 個の電子も同じ軌道を占めて 2 個で満員になり，貴ガスとなる．

- 【第 2 周期】：リチウム ($Z = 3$) のもつ 3 電子のうち 2 個は K 殻に入り，3 番目の電子は L 殻の 2s 軌道に入る．L 殻には 2s 軌道に 2 個，2p 軌道に 6 個入ることができるため，L 軌道に合計 8 個の電子が収容される．このため，$Z = 10$ のネオンでは K 殻道と L 殻は満員となり，貴ガスとなる．

- 【第 3 周期 1】：ナトリウム ($Z = 11$) の 11 番目の電子は，M 殻の中の 3s 軌道に入る（図 2.1 も参照．有名なナトリウムの D 線（黄色）は 3p 軌道から 3s 軌道に電子が移行するときに出る光である）．

- 【第 3 周期 2】：M 殻には 18 個の電子が入る（3s に 2 個，3p に 6 個，3d に 10 個）が，途中 8 個まで入ったところで 3s 軌道と 3p 軌道が満員になる．この原子が貴ガスのアルゴン ($Z = 18$) に対応する．

- 【第 4 周期】：上で説明したとおり，M 殻の 3d 軌道より N 殻の 4s 軌道がエネルギー的に低い．カリウム ($Z = 19$)，カルシウム ($Z = 20$) にて 4s 軌道を満たした．次に，M 殻の残りの 3d（10 個）軌道を埋め，改めて N 殻の 4p 軌道（6 個）を埋める．この原子が貴ガスであるクリプトン ($Z = 36$) である[9]．

- 【第 5 周期】：N 殻を残し（飛ばし），O 殻の 5s 軌道に 2 つ詰め，ルビジウム ($Z = 37$) ストロンチウム ($Z = 38$) にて満たした．次に，N 殻の 4d（10 個）軌道に戻り，O 殻の 5p（6 個）軌道を埋めたのが貴ガスであるキセノン ($Z = 54$) である[10]．

---

[8] 日本化学会では 2015 年に「高等学校化学では第 18 属元素の名称を希ガス，貴ガスと混在を避け，すべて貴ガスに統一する」とする提案を取り決めた．

[9] 途中 2 ヵ所の例外があり，クロム ($Z = 24$) は 3d に 4 個詰まるのではなく 4s に 1 個，3d に 5 個が基底状態となり，銅 ($Z = 29$) は 3d に 9 個詰まるのではなく 4s に 1 個，3d に 10 個詰まる状態が基底状態となる．

[10] 途中 6 ヵ所の例外があり，ニオブ，モリブデン，ルテニウム，ロジウム，銀は 5s に 2 個ではなく 1 個のみ埋め，その分の電子が 4d に埋まる．パラジウムはその分の電子 2 個が 4d に埋まる．

- 【第 6 周期およびランタノイド 1】：同じく，P 殻の 6s 軌道に 2 つ詰め，セシウム ($Z = 55$) バリウム ($Z = 56$) にて満たした．次に，O 殻より内側の N 殻の 4f（14 個）軌道を満たし始める．ここで新たな周期性が表れ，ランタン以降のランタノイドに移る（周期表の離れ小島その 1）．ランタノイドは基底状態に関していくつかの逆転の例がある．

- 【第 6 周期およびランタノイド 2】：N 殻の 4f（14 個）が埋まった後は，O 殻の 5d（10 個）軌道に戻り，次いで，P 軌道の 6p（6 個）軌道を埋め，やはり貴ガスのラドン ($Z = 86$) に至る．

- 【第 7 周期およびアクチノイド】：同様にして，Q 殻の 7s 軌道に 2 個詰まった後は P 殻より内側の O 殻の 5f（14 個）軌道を満たし始める．ここでもランタノイドと同様な周期性が表れ，アクチニウム以降のアクチノイドに移る（周期表の離れ小島その 2）．アクチノイドに関してもランタノイドと類似の基底状態に関するいくつかの逆転の例がある．

以上長い説明になってしまったが，このように，閉核構造の出現に関しては，この規則がよく実際の元素の閉核構造を説明できていることがわかる．

2.2.6 イオン化ポテンシャル

　元素の周期性をより明確に見るために，元素の第 1 イオン化ポテンシャル（またはイオン化エネルギー）をみてみよう．第 1 イオン化ポテンシャルとは原子から一番外の電子 (最外殻電子) を 1 つ取り去るのに必要なエネルギーであり，最外殻電子の情報をよく表す量となる．図 2.4 左のように原子番号順に第 1 イオン化ポテンシャルを並べると，希ガス（貴ガス）で周期的に高い値になっているのがわかる．これを元素の周期表の形式で並べ直したのが図 2.4 右である．元素の周期とよく一致しているのがわかる．

　このように元素の周期律は外殻電子の数，すなわち原子番号と電子軌道の状態の（基底状態の）関係は（少々複雑であり，また例外はいくつかあるが），どこに閉殻が現れるという点に関しては基本的に規則的であり，その関係を調べることによってよく説明される．

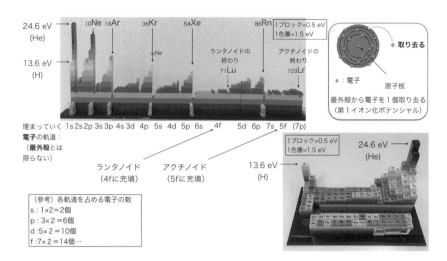

図 **2.4**　第 1 イオン化エネルギー（模型にて作成）．ブロックの高さがエネルギーに相
当．左：原子番号順に 1 列に並べたもの．右：周期表の形式で並べたもの（口絵
4 参照）．

　ここまで見てきた元素の周期性はかなりしっかりした性質であるが，実はよ
く成り立っていない，ほころんでいるかもしれない，という話をこれからしよ
う．それが起こるのは超重元素を含む，原子番号が大きい領域である．それを
理解するには相対論的量子力学の知識が少々必要である．

2.3　相対論効果

　原子の電子軌道の周期性は極めて規則的であると説明した．では原子番号が
どんどん大きくなっても規則的であろうか．それは特殊相対性理論の効果を考
慮すると，原子番号の大きい原子はシュレディンガー方程式から得られる性質か
ら外れていくことがわかっている．金付近の元素では電子軌道準位の間隔を優
位に狭め，超アクチノイドでは準位の逆転すら起こりうる．それを紹介しよう．

2.3.1 原子系のディラック方程式

(a) ディラック方程式

粒子の速度が光速に近くなると，物質の運動は相対論的な運動を起こす．量子力学的運動方程式もシュレディンガー方程式の代わりに相対論的方程式であるディラック方程式に従う．

(b) 水素様原子のディラック方程式

非相対論と同じに水素様原子の解をディラック方程式で求めよう．負の電荷 e^- をもった質量 m の電子が，一体場である $k_0 Z e^2 / r$ のクーロンポテンシャルを受ける相対論的方程式は

$$\left(-\hbar c \boldsymbol{\alpha} \nabla + \beta m c^2 - k_0 \frac{Z e^2}{r} \right) \Psi = E \Psi \tag{2.6}$$

となる．$\boldsymbol{\alpha}$ および β は 4×4 の行列である．Ψ もこれに応じて 4 成分となる．この解はやはり解析解の 1 例として多くの相対論的量子力学の教科書に載っているので簡単に示そう．

相対論の場合，スピン・軌道相互作用が自動的に現れ，エネルギー固有値の分岐が起きる．こうして p 軌道は $p_{1/2}$ と $p_{3/2}$ に，d 軌道は $d_{3/2}$ と $d_{5/2}$ に，f 軌道は $f_{5/2}$ と $f_{7/2}$ に$\cdots$，といったように分離する．この下付き添字 $1/2, 3/2, 5/2$ は全角運動量 j である．このような分裂を微細構造と呼ぶ．

水素様原子のエネルギー固有値 E は量子数 n および全角運動量 j で定まり，

$$E_{n,j} = \frac{m c^2}{\sqrt{1 + \left(\dfrac{Z\alpha}{n - \left(j + \frac{1}{2}\right) + \sqrt{\left(j + \frac{1}{2}\right)^2 - Z^2 \alpha^2}} \right)^2}} \tag{2.7}$$

となる．ここでの α は微細構造定数で

$$\alpha = \frac{e^2}{4\pi\epsilon_0} \frac{1}{\hbar c} \approx 1/137.036 \tag{2.8}$$

である．非相対論の解である式 (2.4) が n のみに依存していたのと異なり，相

対論での式 (2.7) は E が n だけでなく j に依存し，かつ l に依存しないということで電子の p 軌道は $p_{1/2}$ と $p_{3/2}$ に，d 軌道は $d_{3/2}$ と $d_{5/2}$ に，f 軌道は $f_{5/2}$ と $d_{7/2}$ に，$\cdots$ といったように分離することになる．分離の方向は，j が小さいときにエネルギーを下げ，大きいときにエネルギーを上げる．全角運動量 j が小さいということは電子のスピンと軌道角運動量が反対の向き（反平行）であることを意味し，反対に j が大きいということは電子のスピンと軌道角運動量が同じ向き（平行）であることを意味する．$2s_{1/2}$ と $2p_{1/2}$ は異なる軌道角運動量同士であるが，同じ j なので縮退している [11]．

　この解の固有状態は 4 成分の波動関数であるが，ここから動径波動関数を見てみよう [13]．まず，動径波動関数を 2 成分

$$\Psi(\boldsymbol{r}) = \left(\begin{array}{c} g_\kappa(r) \times \chi_{\kappa,m}(\theta,\phi) \\ if_\kappa(r) \times \chi_{-\kappa,m}(\theta,\phi) \end{array} \right) \tag{2.9}$$

で表現しておく（$f_\kappa(r)$ を実数値としたいので虚数 i をつけた）．ここで

$$\kappa \left\{ \begin{array}{ll} -(l+1) = -(j+\tfrac{1}{2}) & j = l+\tfrac{1}{2} \text{のとき} \\ l = j+\tfrac{1}{2} & j = l-\tfrac{1}{2} \text{のとき} \end{array} \right. \tag{2.10}$$

と量子数 κ を定義する．例えば，$l = 0$（s 波）の場合は $j = 1/2$ のみなので，$\kappa = -1$，$l = 1$（p 波）の場合は電子のスピンが平行のときは $j = 3/2$ なので，$\kappa = -2$，スピンが反平行のときは $j = 1/2$ なので $\kappa = 1$ である（整数でゼロでない正負値をとる）．

　$\chi(\theta,\phi)$ は球面調和関数 $Y_{l,m}(\theta,\phi)$ に重み係数をつけた，スピン上向き，下向きの 2 成分とした関数である．この表現により $g_\kappa(r)$，$f_\kappa(r)$ が r のみの関数，つまり動径波動関数として取り出せる．上成分の $g_\kappa(r)$ および下成分の $f_\kappa(r)$ は合わせて

$$\int_0^\infty (g_\kappa^2(r) + f_\kappa^2(r))r^2 dr = 1 \tag{2.11}$$

と規格化しておく．

[11) ラムシフトで縮退が解けるのはすでに触れた．この効果で $2s_{1/2}$ より $2p_{1/2}$ のほうがエネルギー準位は低くなる．

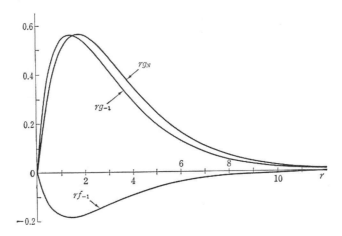

図 2.5 $1s_{1/2}$ 状態の規格化された動径関数に r を掛けた関数. $Z = 82$ の例. 横軸は $\hbar/(mc)$ 単位. 縦軸は $\sqrt{mc/\hbar}$ 単位. g_N は非相対論的取り扱いによる規格化された動径関数. 文献 [13] より引用.

　例として，$\kappa = -1$ の $1s_{1/2}$ のときの $Z = 82$ での動径波動関数 rg_{-1}, rf_{-1} を図 2.5 に示す（2 乗が密度分布に相当する）. rg_{-1} が rf_{-1} より大きいことがわかる. 4 成分波動関数の第 1 成分と第 2 成分（$g_\kappa(r)$ に関係する部分）をまとめて "大きい成分"，第 3 成分と第 4 成分（$f_\kappa(r)$ に関係する部分）をまとめて "小さい成分" とも呼ぶ. その大きさの比は，速度で見た場合は $O(v/c)$ の程度である. つまり v が光速より十分小さいときは "小さい成分" はほぼ 0 となる. クーロン場では $Z\alpha$ が小さい場合 $(Z\alpha << 0)$ に "小さい成分" は無視できる. 逆に言えば，v が光速と比較できる程度の大きさになったとき，または原子番号 Z が大きくなったときに第 3 成分と第 4 成分の効果が有意に働く.

　また，非相対論の g_N に比べて原子核（点電荷として原点に位置する）に近づいていることがわかる. このように相対論的波動関数は非相対論的波動関数と比べてより内側に分布する.

2.3.2　複数の電子の原子系のディラック方程式
　多電子系の場合，N 個の電子の原子系のハミルトニアンは非相対論のときと同様に

$$\hat{H} = \sum_i^N \left[-\hbar c \boldsymbol{\alpha} \nabla_i{}^2 + \beta m c^2 - k_0 \frac{Ze^2}{r_i} \right] + \sum_{i>j} k_0 \frac{e^2}{r_{ij}} \tag{2.12}$$

となる．やはり電子間相関により，縮退がとけ，かつ遮蔽効果が起こるなど，電子軌道の再配置が起こる．

　シュレディンガー方程式とディラック方程式は運動量項および質量項に違いがあり，その効果が両者の差異を引き起こす．原子核の電荷が増すと，原子核に近い内側の電子の速度が増大する．この効果で特殊相対性理論の影響を受けた電子は内側の電子軌道の大きさを収縮させる（図 2.5 も参照）．この収縮により外側にある電子軌道にも連鎖的に収縮させ，最外殻の価電子軌道をも収縮させる．これをしばしば「直接の相対論効果」と呼ぶ．中心からの引力の増大効果である．一方，各軌道の影響を見ると，例えば s 軌道と p 軌道に比べて，d軌道，f 軌道は比較として外側に分布している．このため s 軌道と p 軌道が一種の遮蔽効果を起こして原子核の引力を部分的に打ち消す．結果として外側の軌道電子（最外殻電子も含む）は中心からの引力を弱く感じる．これを「非直接の相対論効果」と呼ぶ [14]．

2.3.3　金で現れる相対論効果

　このような相対論効果はよく知られている元素でもすでに現れている．典型的なのは金 Au[12] の色と銀 Ag の色の違いである [15]．どちらも d ブロック元素で同族元素であるのに一方は金色，一方は白色もしくは無色である．図 2.6 はそれぞれの原子の軌道準位を示したものである．双方の軌道準位の順序は（主量子数 n が 1 つ増えているが）一致している．しかし準位の間隔に注目すると非相対論と相対論では大きな違いが生じる．非相対論の計算（図中 NR）では d 軌道と直上の s 軌道間の間隔は銀と金で同程度の大きさである．一方，相対論計算では d 軌道が上がり，s 軌道が下がり，その間隔が狭くなるが，その程度は金銀とで比較すると，金のほうが顕著に狭くなっている．この違いが個体金属表面での光の吸収に差異を与える．

---

[12] 金が触媒として働く機構も相対論効果により説明されている．

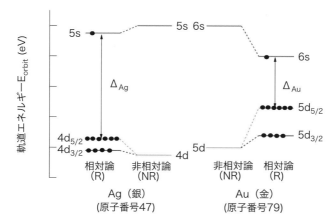

図 **2.6**　銀原子と金原子の基底状態の最外殻付近の軌道エネルギー (E_{orbit}) の計算値.
相対論効果を考慮しない (Non-relativistic, NR) ときと,考慮するとき (Relativistic, R) の軌道エネルギーの位置を示している.基底状態であれば,電子は
低いエネルギーの軌道から順に電子が詰まっていく(図中の黒丸).相対論効果
を考慮すると,d 軌道に入る電子は軌道運動による磁気モーメントと電子自身が
もつ磁気モーメントの相互作用で,2 つのエネルギー準位に分かれる.金と銀の
基底状態(一番安定な状態)では電子は $d_{3/2}$ 軌道に 4 個,$d_{5/2}$ 軌道に 6 個(合
計 10 個),s 軌道に 1 個存在する.

　銀の場合,$4d_{5/2}$ から 5s への遷移エネルギーは 3.7 eV であり,このエネル
ギーを外部から与えれば励起し,エネルギーを吸収する.このエネルギーに相
当する光は 335 nm の波長である.同じく金の場合,$5d_{5/2}$ から 6s への遷移エ
ネルギーは 2.4 eV であり,光で 516.5 nm に相当する.

　さて,人間が認識する可視光は約 360(紫相当)～800(赤相当)nm の範囲
である.銀では $4_{5/2}$ から 5s に遷移するのに必要な波長は 335 nm からそれ以下
の波長,つまり紫外より波長が短い領域である.結果として銀の個体金属表面
は紫外線領域は吸収するが,可視領域の光は(吸収できず)すべて反射し,結
果として白色に見える.一方,金では 516.5 nm の青あたりを境界として紫や紫
外の波長領域で電子を遷移する,つまり光を吸収する(反射せず,目に届かな
い).そして波長の長い黄色から赤の光は反射し,目に到達する.この結果,金
の金属表面は黄金色に見えるのである.

　なお,同属元素である銅 Cu であるが(この図には示していないが),やはり

金と似た色合いを示す．これは銅の最外殻付近の軌道準位 4s と $3d_{5/2}$ の間隔が金の場合と同程度であるからであり，これは非相対論的計算で，すでによく再現できる系である．金銀銅の中で結果として銀だけが最外殻電子の軌道エネルギー差（遷移エネルギー）が紫外領域の波長に相当するエネルギーまで大きくなってしまっているのである．

　金の例は電子軌道の相対的位置の変化を起こした例であり，例えば d 軌道と s 軌道が逆転する，といったほどの変化は生じていない．

2.3.4　ローレンシウムから始まる電子配置の周期性からのずれ

　次はアクチノイド，超重元素の領域を見てみよう．規則性は保たれているであろうか．

　アクチノイドの終端と考えられている 103 番元素ローレンシウム Lr を見てみよう．その際に比較となるのはランタノイドである．アクチノイドの上のランタノイドの終端は 71 番元素ルテチウム Lu である．これは 4f 軌道が終わり，次の O 殻の 5d 軌道に電子が配位されていることがわかっている．これとの類似性から考えればローレンシウム $(Z = 103)$ も 5f 軌道が終わり，次の O 殻の 6d 軌道と予想される（図 2.2 参照）．

　佐藤哲也，永目論一郎らは日本原子力研究開発機構のタンデム加速器施設で金属の表面電離の方法を用いて，ローレンシウムの第一イオン化ポテンシャルを測定した (2015 年) [16]．測定したエネルギーを理論計算と比較すると，最外殻の電子の軌道は 6d では合わず，代わりに 7p 軌道として行った理論計算とよく一致し，7p 電子に配位されていることを強く示唆することがわかった（図 2.7）．

　ルテチウム Lu とローレンシウム Lr の電子軌道エネルギーの予想模式図を図 2.8 に示す．ランタノイド最後の 71 番元素ルテチウム Lu は最後の軌道は相対論的スピン・軌道力も考慮して $5d_{3/2}$ であり，基底状態ではこの軌道に 71 番目の電子が占有する．一方アクチノイド最後の 103 番元素ローレンシウム Lr は系統的には $6d_{3/2}$ であるところが，相対的に $7p_{1/2}$ 軌道が低くなり，基底状態では 103 番目の電子は $7p_{1/2}$ 軌道を占有すると解釈することができる．

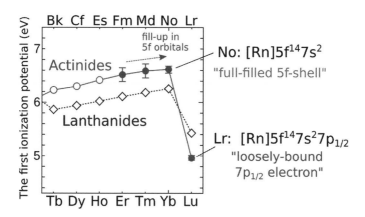

図 2.7　ランタノイドおよびアクチノイドの第 1 イオン化ポテンシャル.

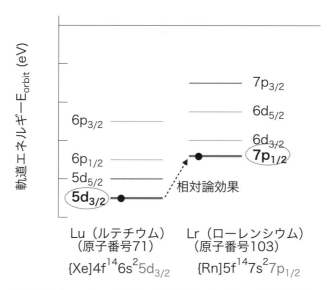

図 2.8　ルテチウムとローレンシウムの電子軌道エネルギーの予想模式図. ルテチウムの最外殻電子が $5d_{3/2}$ であることから, ローレンシウムの最外殻電子も系統性から $6d_{3/2}$ と予想される. しかし相対論効果を考慮すると $7p_{1/2}$ が最外殻電子の軌道と予想される. 実験では表面電離法によりイオン化ポテンシャル測定がされており, $7p_{1/2}$ を強く示唆している.

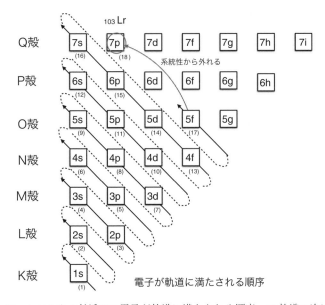

図 **2.9** ローレンシウム付近での電子が軌道に満たされる順序．5f 軌道の次に 7p へと配位が飛んでいる．

　この結果をマーデルング則から見てみると（図 2.9），5f 軌道まで極めて規則どおりに閉殻を埋めて行ったのが，Lr から急に外れてしまい，規則性が大きく破られていることがわかる．電子準位を示した図 2.2 で見てみると，P 殻に属する 6d 軌道と，Q 殻に属する 7p の状態が相対的にどちらが低くなるか，という問題としてみることができる（図 2.2 では 5f の次は 7p であるとして矢印を描いている）．マーデルング則は経験則であり，シュレディンガー方程式（の多体計算）の系統性を表していると見ることができる．一方，ディラック方程式（の多体計算）ではその系統性が破れていることを意味する．

　なお，Lr の表面電離実験はイオン化ポテンシャルを測定したのであって，電子のスピンを直接測定したわけではない．あくまで「相対論を考慮した多体理論計算で，$6d_{3/2}$ の配位を仮定した計算と一致せず，$7p_{1/2}$ の配位での計算が実験結果をよく再現した」，という主張である．であるので現時点では確定的なことは言えないということも述べておく．これは例えば最外殻の直接スピン測定で実験的に明らかになるであろう．

2.3.5 超重元素の化学的特性を求めて〜実験化学〜

ローレンシウムのように 100 番元素を超えると，化学的性質そのものに変化を与えるような挙動を表す原子が現れ始めている．例えば溶液中の挙動として 104 番元素ラザホージウム Rf は 94 番元素プルトニウム Pu と似た化学反応を示し，105 番元素ドブニウム Db は 91 番元素プロトアクチニウム Pa と似た化学反応をする [14]．これらは周期表で見るとそれぞれ同族元素である 72 番元素ハフニウム Hf，73 番元素タンタル Ta と似た振る舞いをする，というのがメンデレーエフの周期表から示される性質のはずであるがそうなっていない．また，112 番元素コペルニシウム Cn は周期表の直上の 80 番元素水銀（常温で液体）と似ているのか，それとも相対論効果により 86 番元素ラドン Rn（つまり貴ガス（希ガス）の性質）と似ているのかを確かめる実験を様々な研究機関で行い，その成否を調べている．また，118 番元素オガネソン Og は第 18 属に位置しているので Oganesson と命名されたが [13]，その名にふさわしい「希ガス（貴ガス）」の性質をもっているかどうか，それを疑っている化学者は多い．

これら 100 番元素を超えるアクチノイド，超アクチノイド，または超重元素の原子物理研究および化学研究において問題なのは，これらの半減期が極めて短いことである．そして人工的に合成するには（原子核反応であるが），極めて確率が低く，数個，数十個程度の原子しか化学測定ができないことである．このような原子の 1 個 1 個の測定から研究を行う化学をシングルアトム化学 (atom-at-a-time chemisrty, single-atom chemistry) と呼ぶ．このような実験をするには原子核を合成できるような加速器施設が不可欠である．

2.3.6 超重元素の化学的特性を求めて〜理論化学〜

(a) 理論化学計算

超重元素の電子状態をディラック方程式に基づいて解析解を求めることは特殊な例を除けばできず，大規模な数値計算が必要になる．ディラック方程式の 4 成分をそのまま解くという段階から困難が生じ，多くの場合 1 成分と 2 成分，

[13) 第 18 属元素は周期表の最右列に位置し，最後は-on で終わる命名規則である．

3 成分と 4 成分とに分割し,さらに 3 成分と 4 成分とを前者に代入する形で簡
単化する方法が多い.

例えば,相対論的密度汎関数の立場で扱う場合の,分子系(原子(核)数 N)
における系の全エネルギーの表式は

$$
E = \sum_{i=1}^{M} n_i \langle \phi_i[\boldsymbol{t}]\phi_i \rangle + \int V_{\mathrm{N}}\rho d\boldsymbol{r} + \frac{1}{2}\int V_{\mathrm{H}}\rho d\boldsymbol{r} + E_{\mathrm{ex}}[\rho]
$$
$$
+ \frac{1}{2}\sum_{K=1}^{N}\sum_{L \neq K}^{N} \frac{Z_K Z_L}{|R_K - R_L|} \tag{2.13}
$$

で与えられる [17]. $\boldsymbol{t}$ はディラック方程式の運動量部分,n_i は電子の占有数,M
は電子の数である.第 1 項は運動エネルギー項,第 2 項は原子核-電子間ポテン
シャル項,第 3 項は電子間反発ポテンシャル項,第 4 項は交換相互作用ポテン
シャル項,最後の項は原子核間反発ポテンシャル項である.第 1 項の ϕ_i は各電
子の波動関数である.ここで ρ は電子密度であり,

$$
\rho(\boldsymbol{r}) = \sum_{i=1}^{M} n_i \phi_i(\boldsymbol{r})\phi_i^*(\boldsymbol{r}) \tag{2.14}
$$

で与えられる.このような式を数値計算的に解くことにより原子状態の計算を
行うことができる.

(b) 金の色とレントゲニウム

先ほどの金の色の相対論効果を紹介したが,周期表で金 Au の下にあるのは
111 番元素レントゲニウム Rg である.では Rg はどのような色・光沢をもつの
であろうか?例えば「レントゲニウムの指輪」が作れるだろうか?

非相対論からくる系統性からみると,Rg の軌道準位の順は 7s>6d$_{5/2}$>6d$_{3/2}$
と予想される.しかし,いくつかの相対論的な理論計算では逆転が生じ,
6d$_{5/2}$>6d$_{3/2}$>7s と,s 軌道が深く(d 軌道が浅く)なり,6d$_{5/2}$ が最も浅いエネ
ルギーとなるという結果が得られている.計算によるとこの逆転は d 軌道その
ものが下がることが主因であり,一方 d 軌道の j の分岐そのものは単調に広が
るようである.この予想では d 軌道の分岐幅で Rg の色が決まるということに

なる．シングルアトム化学の範囲でどこまで実験的にわかるか，ということも併せて興味のあるところである．

(c)　分子系，水溶液系

　気相系では，分子系の理論計算の解析が重要となる．例えばバーガ (Varga) らは 104 番元素ラザホージウム Rf の 4 塩化物の安定性について相対論密度汎関数を応用した数値計算による理論研究を行い，同族である Ti, Zr, Hf（どれも 4 価が際安定原子価）との比較を行った．$RfCl_4$ の結合エネルギーや原子間距離を求めている．絶対値としての精度（再現性）はあまりよくないところであるが，どの原子でも共通の基底関数を用いる，という方法により，系統的な傾向についての知見を得ることができている．

　水溶液中の計算では，対象とする分子の溶存状態を考慮する必要がある．特に錯体を形成する場合は計算が複雑になるが，部分的な計算から超重元素を含む錯体の安定性が議論できる．例えばペルシナ (V.Pershina) らはラザホージウム Rg のフッ化物錯体の加水分解における安定性を議論している．化学反応におけるギブス自由エネルギーを相対論密度汎関数法で評価し，第 4 族間では陽イオン錯体の形成が Zr≥Hf>Rf の順に安定性が低下している（Rf が安定性が低い）ことを予測し，実験結果の抽出挙動をよく再現している [17]．

2.4　118 番元素，そしてその先

　ローレンシウムの 7p 軌道から話を戻そう．ローレンシウムでアクチノイドは終わり，104 番元素のラザホージウム以降は 5p および 6d を埋め尽くすことにより 118 個の電子が占有される．これが $Z = 118$ のオガネソンである．

　119 番元素以降は第 8 周期となる．これらの元素では次の R 殻の 8s 軌道，O 殻で残していた 5g 軌道への占有が始まるであろう．119 番以降の元素については執筆時点でまだ元素は実験的に合成・発見されていない（図 2.10）．119 番元素以降の元素，特に周期表の理論予測について，そして元素の原子番号の限界については第 7 章で改めて議論する．

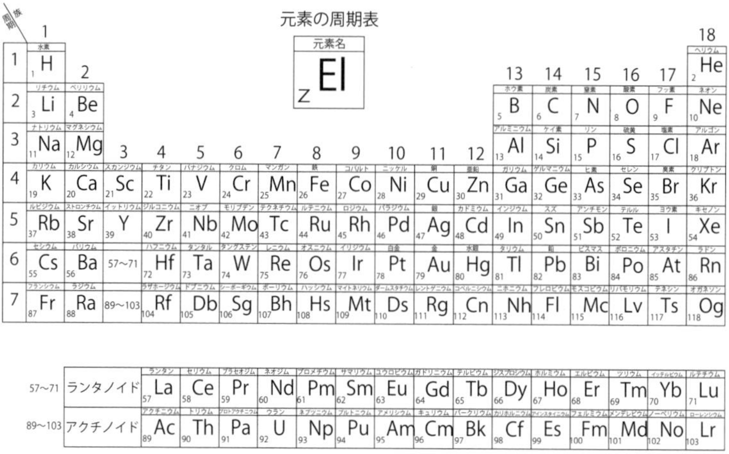

図 **2.10**　周期表．2016年までに実験的に確定したもの．

第3章 原子核の構造

この章では，原子核の構造について紹介する．特に超重核の世界の理解に関連する物理に絞り

(1) 原子核の液滴描像

(2) 閉殻構造（既知核と超重核）

(3) 原子核の変形および核分裂（超重核の不安定性）

(4) 原子核の安定性と超重核の存在限界

を解説する．ここでの内容は後の章でも基本知識として利用する．

3.1 原子核〜概要〜

原子核は陽子と中性子 (合わせて核子と総称) の複合体であり，これがコンパクトにまとまっているのは核子の間に掛かる核力のためであり，それを陽子同士のクーロン斥力によって妨げつつも，そのバランスの結果としてまとまっている．まずは原子核を実験により得られた事実からの現象的観点から見てみよう．

3.1.1 液滴模型

原子核の大きな特徴の１つは密度の飽和性である．これは原子核の核子密度が一定であること（質量数を A とすると，原子核半径 $R = r_0 A^{1/3}$ のように $A^{1/3}$

で書ける）[1]，また原子核の束縛エネルギーが一核子あたり 8 MeV 程度で一定
であること，などといった実験結果による．原子核をつなぎ止める核力は短距
離力であり，同時に近距離で強い斥力を示し，これが飽和性の起源となる．一
方，ウランなどの質量数の大きい原子核が α 崩壊や核分裂を起こすのは，原子
番号（つまり陽子数）を増やしていくと陽子同士のクーロン斥力が大きくなり
安定に核子同士をつなぎ止めることができなくなるからである．このような飽
和性および重い核における不安定性は原子核を帯電した液滴とみなす液滴模型
で理解することができる．別項で説明される ワイツゼッカー・ベーテ原子質量
公式は原子核を球形帯電液滴とみなして構築したもので，実験質量値の再現性
がよく，核分裂などの諸性質の定性的な説明ができるなどモデルの妥当性を示
している．物理的観点からは液滴模型は核子同士が強く相互作用している系と
みなすことに相当する．

3.1.2　独立粒子模型

　前章で説明したとおり，原子（原子核と電子の系）では原子番号が 2, 10, 18,
36, 54, 86,‥‥ で希ガス（貴ガス）が生じ，原子の不活性という形の閉殻構造が
存在する．原子核にも類似した閉殻構造が存在し，陽子数・中性子数が 2, 8,
20, 28, 50, 82, 126（126 の原子番号は得られていないので中性子のみ）の原
子核で結合エネルギーが大きくなる，中性子捕獲断面積が急に小さくなる，な
どといった閉殻性を示す．このように閉殻を示す数字を魔法数と呼ぶ．原子は
中心に電荷をもった原子核が中心に位置して電場を与えている系であるが，原
子核の場合はそのような中心がないので陽子・中性子の両核子で作る平均場ポ
テンシャル中で核子が運動するという描像（独立粒子模型）で理解することが
できる．また，2 種類のフェルミ粒子からなる系であるという特徴がある．原
子核の魔法数の説明として当初平均場ポテンシャルとして調和振動子型や井戸
型のポテンシャルなどが考察されたが，2, 8, 20 の魔法数までしか再現できず，
大きな問題であった．しかし別項で説明するようにマイヤーおよびイェンゼン

---

[1] 粗い言い方では例えば色の違う球（ピンポン球など）を形を崩さずに糊でつなぎ，球
や楕円体にまとめたようなイメージ．この球同士は多少減り込んでもよい．

が核力には強いスピン・軌道角運動量力（$l \cdot s$ 力）が存在すると提案し，28，50，82，126 の魔法数を説明することに成功した（1949 年）．このような独立粒子描像は，核子が各軌道を互いに衝突せず自由に運動しているとみなすことに相当し，上記の液滴模型の考えとは相反する．このように原子核では取り扱う観測量に対して異なる模型による描像が併存している．

3.1.3　集団運動模型

　ボーアとモッテルソンは集団運動的様相と独立粒子的様相の共存を認め，独立粒子的に存在する一部の外側の核子に引っ張られて，他の核子が集団的に配置を換えて変形が実現されるとした（集団運動模型，統一模型とも呼ばれる．1953年）．これにより変形した原子核や，その回転運動，原子核表面の振動モードの出現などをうまく説明し，原子核の理解に大いに進展を果たすこととなった．

3.1.4　両者をつなぐもの

　原子核のこのような一見異なる性質の共存は，原子核のハミルトニアンを正しく用意しその量子力学的基礎方程式を解いて求まるべきものである．この点は核力の性質に関わるのであり，その議論が次章で少々触れるとして，この章では液滴模型，独立粒子模型，および変形原子核を記述するニルソン模型＋変形液滴模型について紹介する．

3.2　結合エネルギーと原子質量

3.2.1　質量の単位

　まず原子核の性質の中で，原子核の結合エネルギーとそれに直接関わる質量について，定義的な話を少々列記しておく．

　特殊相対性理論から一般に慣性質量 M はエネルギー E と等価であり，$E = mc^2$ の関係で結ばれる（c は真空での光速）．原子核の世界では質量を g, kg などで測定するわけではなく，常にエネルギーに換算して扱う．

1 eV（エレクトロンボルト，電子ボルト）は，電気素量（電子 1 個の電荷の絶対値）をもつ荷電粒子が，1 V の電位差を抵抗なしに通過するときに得るエネルギーである．普通使われるエネルギー単位ジュール J とは

$$1\,\text{eV} = 1.602176634 \times 10^{-19}\,\text{J} \tag{3.1}$$

の関係である [2)]．これを用いて原子核を始めとする素粒子の質量は eV/c^2 で表記される．すでに表 1.3 でも示したとおり，電子は $0.511\,\text{MeV}/c^2$ であり，陽子は $938.27\,\text{MeV}/c^2$，中性子は $939.57\,\text{MeV}/c^2$ である（$\text{keV}=10^3\,\text{eV}$, $\text{MeV}=10^6\,\text{eV}$）．

3.2.2　原子核の質量の質量欠損と結合エネルギー

原子核は核子の複合体であるが，核子が結合して原子核をなすとき，その質量は常に減じる．これを質量欠損と呼び，その減じた量が結合エネルギーである．

陽子と中性子からなる重陽子を例に挙げる（図 3.1[3)]）．この場合，陽子と中性子の質量の単純な和 $1877.84\,\text{MeV}/c^2$ よりも，結合した重陽子の質量 $1875.60\,\text{MeV}/c^2$ のほうが質量が小さい．その差は $2.24\,\text{MeV}/c^2$ と原子核質量全体に比べて小さいが，これが重陽子の場合の質量欠損であり，この $2.24\,\text{MeV}$ が重陽子の結合エネルギーである．

原子核（陽子の数 Z 中性子の数 N）の質量を $M_{\text{nucl}}(Z, N)$ として陽子の質量を m_{p}，中性子の質量を m_{n} とすると，原子核の結合エネルギー $B(Z, N)$ を用いて

$$M_{\text{nucl}}(Z, N) = Z m_{\text{p}} + N m_{\text{n}} - B(Z, N) \tag{3.2}$$

である．

[2)] 2019 年に SI 基本単位が再定義され，この換算式は不定さがない正確な関係である．

[3)] この図は天秤で質量を比較する図となっているが，天秤は重量質量を測るものであり，本来，本書で議論している慣性質量（物理の由来が異なるので）と区別するべきである．しかし一般相対性理論を認める観点で，重量質量と慣性質量を同一視し，そしてわかりやすさからこの図のように説明する．

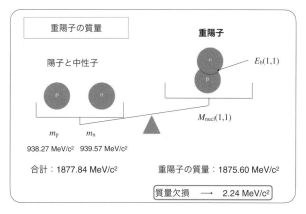

図 3.1 重陽子の質量欠損．陽子と中性子が分かれているよりも結合して重陽子になったほうが質量が小さい．

3.2.3 原子の質量

　さて，原子核は普通の状態では電子をまとい，中性原子となっている．そこで原子としての全体の質量を考える．原子全体の質量を M，^{1}H（水素 1）原子の質量を $m_{\rm H}$，中性子の質量を $m_{\rm n}$ とすると，原子核の結合エネルギー $B(Z, N)$ を用いて

$$M(Z, N) = Zm_{\rm H} + Nm_{\rm n} - B(Z, N) - B_{\rm el}(Z) \tag{3.3}$$

と表される．$B_{\rm el}(Z, N)$ は電子の結合エネルギーである．電子の量が増えると電子間の相関などが複雑になるが，原子核としてはその効果は小さいので，簡単に処理する[4]．ここでは常に考慮されているとして以下では省略する．

　これから「原子核の質量」ではなく「原子の質量」で扱っていくが，それは崩壊・反応において，全系を含むことで保存則などが考慮されているからである．特に原子核の β 崩壊で特に重要となる．β 崩壊は電子・陽電子が生成したり，電子を捕獲したりする過程である．そのような場合，原子核だけの質量の差を扱うよりは，電子も含めた全系で扱うのが都合がよいからである．一般的

---

[4] 例えば $B_{\rm el}(Z) = k_{\rm el}Z^{2.39}$，$k_{\rm el} = 14.33$ eV など．$Z = 1$ で 14.33 eV であり，原子核の MeV 程度に比べて数桁小さい．ただしウランなどでは 100 keV を超える値となり，超重元素ではその扱いに注意する必要はある．しかし実際には異なる Z 間の「差」が崩壊などの事象に関わるのであまり影響しない．

に原子核同士の質量差（反応・崩壊がどちらに進むか）を議論する際も，電荷を
含めた保存則の意味でも合理的である．また，質量測定実験では，原子の電子
をすべてはぎ取った原子核の測定をするのではなく，中性原子，もしくは 1 価，
2 価のイオンとしての質量測定を行っている [5]．このような量と比較するとい
う現実的な観点でも原子質量が都合がよい．そういうわけで，原子（核）質量
測定をデータベースする際に表としてまとめられるのは原子質量であり，理論
の立場でも原子核質量の理論計算を行い，その数値表を公開する際には，大抵
の場合，原子質量の値として公開している．

　$B(Z, N)$ は原子核の結合エネルギーである．この部分が原子核の構造として
現れる部分であり，原子核物理における主テーマである．これについてはこの
章を中心に述べる．

3.2.4　原子の質量と結合エネルギー

　原子（核）の質量と結合エネルギーは，おおむね符号を反転させたもの，言い
換えれば原子核の結合エネルギーが大きいと原子（核）質量は小さくなり，結
合エネルギーが小さいと質量は大きくなる．しかし詳細を言うと質量と結合エ
ネルギーは水素質量と中性子質量を介した関係なので，水素-中性子の質量差分
だけ換算としてずれているので注意が必要である（水素を陽子と置き換えても
主旨は同様）．原子（核）の質量差からエネルギーを取り出すといった際は，質
量のほうが全エネルギー保存則を満たす量である．

3.2.5　質量超過

　この節の最後に原子の質量の慣例的扱いについて触れておく．次節で紹介す
るように，原子（核）の質量の主要部分は質量数 A が大きくなるにつれて単純に
核子の質量である約 $940\,\mathrm{MeV/c^2}$ に比して増えていく．そのまま用いると数百
GeV の大きさとなってしまい数値的扱いが少々厄介である．そこで原子（核）
の質量が A におおむね比例していることに注目して

---

[5] 電子すべてをはぎ取って原子核の質量を測定する実験は，例えば，$^{208}\mathrm{Pb}$ 近辺の $^{207}\mathrm{Tl}$
（電子 81 個）での例がある (GSI).

表 3.1 いくつかの核子, 原子の質量, 質量超過, 結合エネルギー (MeV/c^2). 表中の () は, 核子 (A) あたりの値. 酸素 12 の質量超過は定義により 0.

	水素 1 ^1H	中性子 n	ヘリウム 4 ^4He	炭素 12 ^{12}C	鉄 56 ^{56}Fe
原子質量 M	938.78	939.57	3728.216	11117.929	52103.062
質量超過 M_E	7.289	8.071	2.425(0.606)	0	$-60.605(-1.082)$
結合エネルギー B	0	0	28.292(7.073)	92.167(7.680)	492.254(8.790)

$$M_E = M(Z, N) - Au \tag{3.4}$$

で原子の質量を表すのが習慣となっている. これを質量超過 (mass excess) と呼ぶ. ここで u は統一原子質量単位 (unified atomic mass unit) と呼ばれ, 炭素 $12(^{12}C)$ 原子の 1/12

$$u = M_{^{12}C}/12 = 931.478 \text{ MeV}/c^2 \tag{3.5}$$

で定義される. 質量超過は原子の質量の量を Au でシフトしただけなので (大部である Au のカタマリを除いた量) 物理的に新しい意味が加わったわけではない. そして原子核の反応, 崩壊といった質量差を伴う事象の場合, Au の項は打ち消し合って消えてしまう. なお, ^{12}C が用いられているのは, 質量測定が質量分析器で既知の原子分子との質量比から求めていた (いる) 名残で, その名残で基準として現在でも ^{12}C が用いられている. 表 3.1 にいくつかの例を載せる.

本書では質量超過を用いて原子質量を説明する.

3.3 液滴描像と半経験的原子質量公式

原子核の結合エネルギーをどのように求めるか, という問題の出発点として, 原子核を球形液滴とみなして得られたワイツゼッカー・ベーテ (Weizsäcker-Bethe)

の半経験的原子質公式（1935 年）から始めよう．これは原子核の結合エネルギーを

$$B(Z, N) = E_\mathrm{v} + E_\mathrm{s} + E_\mathrm{sym} + E_\mathrm{C} + E_\mathrm{eo} \tag{3.6}$$

と表すもので，E_v は体積項，E_s は表面項，E_sym は対称項，E_C はクーロン項，E_eo は平均的偶奇項である．それぞれの項は陽子数 Z，中性子数 N，質量数 $A = Z + N$ の関数として表される．具体的な関数形はいくつかの流儀があるが，例えば

$$B(Z, N) = a_\mathrm{V} A + a_\mathrm{S} A^{2/3} + a_\mathrm{I}(N - Z)^2/A + a_\mathrm{C} Z(Z - 1)/A^{1/3} + \delta_\mathrm{eo}$$

$$\delta_\mathrm{eo} = \begin{cases} -\frac{a_\mathrm{eo}}{\sqrt{A}} & \text{for even}-Z, \text{even}-N \\ 0 & \text{for odd}-A \\ +\frac{a_\mathrm{eo}}{\sqrt{A}} & \text{for odd}-Z, \text{odd}-N \end{cases} \tag{3.7}$$

となる（式 (3.7) 中の even は偶数, odd は奇数を意味する）．この場合，$E_\mathrm{v} = a_\mathrm{V} A$，$E_\mathrm{s} = a_\mathrm{S} A^{2/3}$，$E_\mathrm{sym} = a_\mathrm{I}(N - Z)^2/A$，$E_\mathrm{C} = Z(Z-1)/A^{1/3}$，$E_\mathrm{eo} = \delta_\mathrm{eo}$ である．

以下，実験質量値と比較しながら各項を簡単に説明する．

3.3.1   球形液滴模型（体積項，表面項，クーロン項）

まず図 3.2 に安定核種の 1 核子あたりの原子質量を示す．原子 (核) 質量はほとんどすべての原子核において核子 1 個あたりの値が一定である．結合エネル

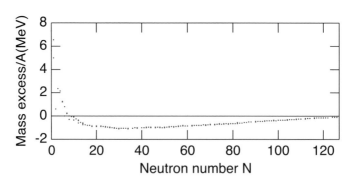

図 **3.2**   安定原子核の 1 核子あたりの原子質量超過，または (原子質量 $/A$) $- u$.

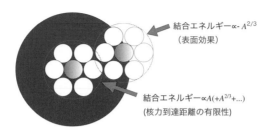

結合エネルギー$\propto - A^{2/3}$
（表面効果）

結合エネルギー$\propto A(+A^{2/3}+...)$
(核力到達距離の有限性)

図 3.3 原子核内の核子を取り巻く他の核子.

ギーで換算するとほぼ 7 MeV と 9 MeV の間 に対応する．このような性質は核力の飽和性を表すものであり，$E_V = a_V A$ と表す．これは核力の短距離性からくる性質である．その様子を模式的に図 3.3 に表す．

核力の短距離力では，おおむね近接[6]した核子としか相互作用をしない．よって粒子数 n が増えてもせいぜい n に比例したエネルギーの増加にとどまる．これにより原子核の結合エネルギーの主要項（高次項）は質量数 A から始まる．

もし相互作用がすべての核子対の間で同じように作用すると仮定すると，結合エネルギーは組み合わせ対の数 $_AC_2 = A(A-1)/2$，つまり主要項として A^2 に比例することになる．

原子核の中心部分では，ある核子の周りには一様に核子が取り巻いている．一方，原子核の表面付近の核子は外側では周りの核子を不足して感じる．原子核のエネルギーは密度分布を体積積分して求めるのでそれにより表面効果が現れる．この効果は原子核の体積が大きくなるほど割合として小さくなる．具体的には質量数が数十を超えたあたりである．

図 3.2 で軽い付近をみると，核子 1 個あたりの結合エネルギーは，鉄，ニッケル ($N = 30 \sim 32$) あたりで最大で，それより軽い核および重い核はだんだんと減少している．軽い核の減少は有限系における表面効果であると見ることができ，

$$E_s = a_s A^{2/3} \tag{3.8}$$

と表す．さらに，陽子がもつ電荷のため静電的なクーロン力のために反発し，こ

---

[6] 例えば面心立方なら 12 個，体心立方なら 8 個．いずれにせよ 10 個程度．

れが結合エネルギーを減少させる．これを陽子間の対の総数 $_ZC_2 =$Z(Z−1)/2，およびクーロンポテンシャルが $1/r$ に比例，つまり，おおむね $1/A^{1/3}$ に比例することを考慮すると

$$E_C = -a_C \frac{Z(Z-1)}{A^{1/3}} \tag{3.9}$$

と表すことができる．

　ここまでの各エネルギーの寄与は原子核を球形液滴とし，古典的描像で平易に理解することができる．対称項，平均的偶奇項は量子力学的描像をもとにした考察が必要である．

3.3.2 対称項

　陽子と中性子が質量数一定のときではそれぞれ同じ数であるときが一番エネルギーが低いという事実は軽い原子核で確かめられており，重い原子核でもクーロン斥力を除けば同様の結論となる．この性質は

$$E_{sym} = a_I \frac{(N-Z)^2}{A} \tag{3.10}$$

という形で表される．

　この起源は大きく 2 つ考えられる．1 つは陽子，中性子がそれぞれ離散的準位に フェルミ粒子として占める，という描像である．例えば図 3.4 のように陽子，中性子が詰まっているとすればそのエネルギーの総和は

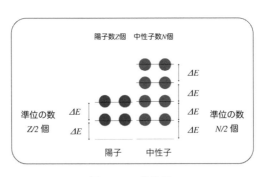

図 **3.4** 2 準位系．

$$E = \frac{1}{2}\Delta E\left\{\frac{(N+Z)^2}{4} + \frac{(N-Z)^2}{4} + (N+Z)\right\} \tag{3.11}$$

となる．$A = N+Z$ 一定であれば $N-Z$ が最小のエネルギー値をとることがわかる．要点は 2 粒子がある閉じ込められた状況にあるフェルミ粒子である（離散準位を作るため），という要件があればこの状況になる．つまり閉じ込めるという意味での暗黙の引力を要請するが，あらわな相互作用はなくてよい．

核子が互いに相互作用を及ぼさないで運動しているという フェルミガス模型によって核子の運動エネルギーを見積もっても同様な性質は得ることができ，陽子数 Z，中性子数 N のフェルミガスとした 2 種類の核子の運動エネルギーは [18]

$$\text{K.E.} \approx 20\,A + 11\frac{(N-Z)^2}{A}\text{MeV} \tag{3.12}$$

である．第 2 項 $(N-Z)/A^2$ の係数は約 11 MeV である．これは後述する実験からの値である約 23 MeV（表 3.2 の a_I 参照）に比べて約半分である．

上記は核力を考慮しない模型であった．対称項のもう 1 つの寄与は核力の性質からである [18].

まず陽子と中性子に関する荷電スピン（アイソスピン）を定義する．陽子と中性子は，電荷が違っている点を除けば，その性質が非常によく似ている．そこで 陽子と中性子を，核子 (nucleon) と呼ばれる 1 つの粒子の量子力学的な 2 つの状態であるとみなす．数学的にはスピンの上向きと下向きにの 2 成分で表されるが，核子も荷電スピン (isospin) と呼ばれる仮想の空間を考え，その上向きを陽子，下向きを中性子とする[7]．荷電スピンは単なる分類以上の素粒子の物理において重要な役割と果たしているが，ここではスピンを数学的に類似な物理量としておく．

核力は荷電独立性 (charge independent) をもつとされる．荷電独立とは陽子-陽子間，中性子-中性子間，陽子-中性子間で核力が変わらないことをいう．荷電対称性 (charge symmetry) とはもう少し条件が緩く，陽子と中性子を入れ替え

---

[7] 時に逆にとることもある．

ても核力が変わらないことをいう[8]．2核子のスピンと位置の対称性が同じならば，陽子-陽子間，中性子-中性子間，陽子-中性子間で核力は同じである．

　ところが，2核子系以上では，フェルミオンである核子系は波動関数の反対称化が要請される．その際空間部分，スピン部分，そして荷電スピン部分の全体が反対称化されなければならない．これがパウリ原理を起こすが，これにより，陽子-陽子間，中性子-中性子間では（どちらもアイソスピン3重状態である），スピン3重偶パリティ状態およびスピン1重奇パリティ状態はとれない．よって「平均としては」陽子-中性子間の核力は陽子-陽子間，中性子-中性子間の核力のものとは異なり，かつ強く感じることになる．

　1つの核子と他のすべての同種核子との間のポテンシャルエネルギーの和は近似的に (陽子 or 中性子の個数)×(他の陽子 or 中性子の密度)/2 と表される．同種2核子間のポテンシャルを近似的に $-v_1(v_1>0)$ とするとその総和は陽子間，中性子間それぞれ

$$陽子陽子間 : I_{\mathrm{pp}} = -v_1 Z \frac{(Z-1)}{A}/2 \tag{3.13}$$

$$中性子 - 中性子間 : I_{\mathrm{nn}} = -v_1 N \frac{(N-1)}{A}/2 \tag{3.14}$$

陽子-中性子間のポテンシャルを上記と区別して $-v_2(v_2>0)$ とすると

$$陽子 - 中性子間 : I_{\mathrm{np}} = -v_2 \frac{ZN}{A} \tag{3.15}$$

ポテンシャルエネルギーの総和は

$$v \approx -v_1 \left\{ \frac{Z(Z-1)+N(N-1)}{2A} \right\} v_2 \frac{ZN}{A}$$
$$= -\frac{(v_1+v_2)}{4}A + \frac{v_1}{2} + \frac{(v_2-v_1)}{4}\frac{(N-Z)^2}{A} \tag{3.16}$$

---

[8] 実際は荷電独立性は数%程度，荷電対称性は1%程度の破れがある．陽子-中性子間の核力は陽子-陽子間，中性子-中性子間の核力に比べてやや引力が強い．この荷電独立性の破れを媒介する π 中間子の質量差 (裸の π 中間子で $m_{\pi\pm}=139.5673\,\mathrm{MeV}$ および $m_\pi^0 = 134.9630\,\mathrm{MeV}$:質量差 ≈3%) から説明するのは意味があろう．ただしこの破れは本文の議論にはほとんど影響しない．念のため陽子・中性子の質量の違いは0.14%であり，これはほとんど効かない．

となる.

実際には $v_2 > v_1$ であり式 (3.16) の第3項が現れる. 同種核子間の核力は平均的には $-v_1 = -50\,\text{MeV}$(引力)程度であり,また v_2 は v_1 のおおよそ2倍程度である. $v_2 - v_1 \approx 40\,\text{MeV}$ あたりだと第3項は $10\,\text{MeV}$ 程度となり,おおむね埋め合わせられる. その他,核子間の有効ポテンシャルが速度に依存する場合にも対称エネルギーが現れる.

3.3.3 平均的偶奇項

核子は陽子が偶数,中性子が偶数で対を組んでエネルギーを下げようとする,という強い性質がある. これは核力の短距離引力の性質により同種核子が近づくことによる. 奇数の陽子,中性子はその効果が最後の1つの核子についてこの効果がなく,直近の偶偶核に比べてエネルギーは高くなる.

エネルギーの下げ幅は核子が占める準位の稠密性と関連していて,質量数 A が小さい場合準位間隔が大きく,質量数 A が大きくなるにつれ,準位間隔が稠密になる. 式 (3.7) では比較的よく使われる $1/A^{1/2}$ および奇質量数原子核のエネルギーを 0 に採る形式を採用した.

3.3.4 実験値との比較

Weizsäcker-Bethe (WB) 公式の各係数は現実の原子核が多数あれば,それを参照として最適化することにより"実験"値として得ることができる. 表 3.2 は 2016 年までにまとめられた基底状態の原子質量のデータベースを基に5つの係数を求めた結果である. 実験値との平均2乗誤差は 3.1 MeV である. 原子核の結合エネルギーは例えば質量数 200 では 1,600 MeV 近くにも達する. この主要

表 3.2 WB 公式のパラメータ係数 (MeV). 軽い核種領域の適用性を考慮し,$Z \geq 8$ かつ $N \geq 8$ の原子核を対象とし,原子質量のデータベース「評価済み原子質量 (Atomic Mass Evaluation)2016 年度版」を参照した [19].

a_v	a_s	a_I	a_C	a_eo
-15.56418	17.33868	22.87696	0.70497	12.00386

な項は質量数に比例する体積項であるが，それにしてもこのような規模の量に
対して極めてよく再現していることがわかる．

　このようにして求めたワイツゼッカー・ベーテ公式と，実験質量値との誤差
を図 3.5 に示す．図を見てまず目につくのは Z = 50, 82，N = 82, 126 といっ
た魔法数性である．これは WB 公式では考慮されていない殻構造である．次に
目立つのは閉殻から次の閉殻に至る丘状の領域であるが，これは後に紹介する
単一粒子準位の疎密性との関連で現れる．その丘が大きくえぐられている領域
がある．(1) Z=50 と 82 に囲まれた領域で，N=90 付近から中性子過剰核側に
至る領域と，(2) N=126 以降の Z=92 付近から原子番号の大きい領域である．
このえぐれは原子核の球形から変形への形状変化が原因である．

　これらについては後ほど説明するが，この「閉殻構造」および「原子核の変
形」が原子核の主要な性質の 1 つである．

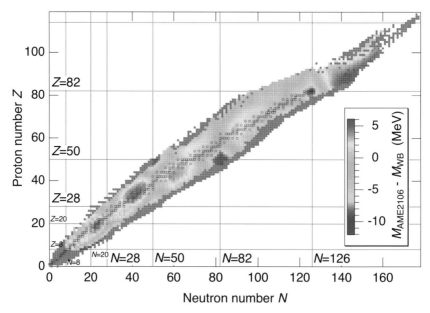

図 **3.5**　WB 公式と実験質量値との比較．縁のようにおおっている部分は 2018 年まで
　　に実験的に確認された原子核 [4]（口絵 5 参照）．

3.3.5　安定原子核の位置

　ここまでの議論をもとに，自然に存在する安定原子核の核図表での様子について簡単に触れよう．原子核は陽子間のクーロン斥力を考慮しなければ陽子の数と中性子の数が等しいとき $(Z = N)$ が安定である．$Z = N$ から外れるとその結合エネルギーは $(N - Z)^2/A$ で減少する（質量は増加する）．一方陽子同士の反発力により結合エネルギーは $Z(Z - 1)/A^{1/3}$ で減少する（質量は増加する）．この影響は $N = Z$ で安定な原子核が，ある程度 Z が大きくなると安定の位置がずれるようになる．

　図 3.6 は核図表におけるカルシウム Ca 付近の様子である．$Z = N$ で原子核として安定なのは原子番号 20，中性子数 20 の ^{40}Ca までで，次の原子番号 22 チタン Ti では ^{44}Ti は不安定で ^{44}Ti からが安定となる．この $N = Z$ からのずれがクーロン項 $Z(Z - 1)/A^{1/3}$ の表れといえる．

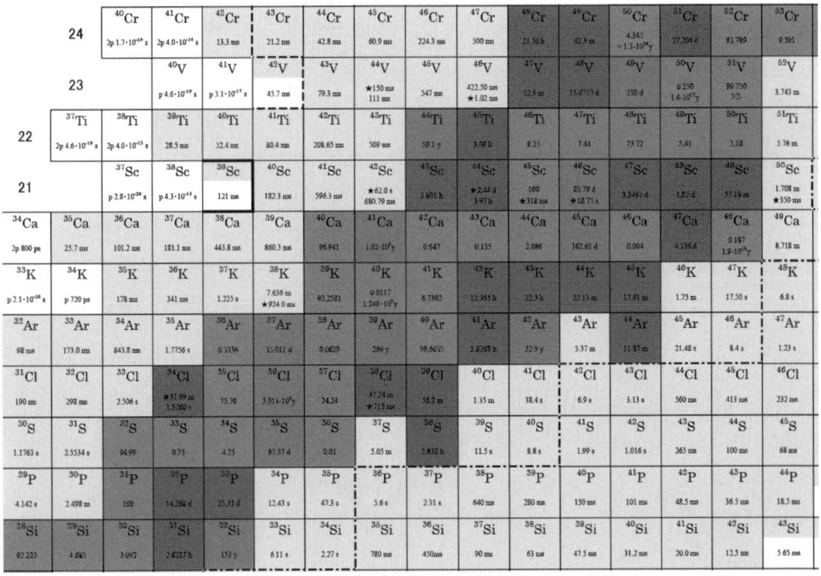

Z	N=14	N=15	N=16	N=17	N=18	N=19	N=20	N=21	N=22	N=23	N=24	N=25	N=26	N=27	N=28	N=29
24			^{40}Cr 2p $1.7\cdot10^{-49}$ s	^{41}Cr 2p $4.0\cdot10^{-19}$ s	^{42}Cr 13.3 ms	^{43}Cr 21.2 ms	^{44}Cr 42.8 ms	^{45}Cr 60.9 ms	^{46}Cr 224.3 ms	^{47}Cr 500 ms	^{48}Cr 21.56 h	^{49}Cr 42.3 m	^{50}Cr 4.345 / >$1.3\cdot10^{18}$ y	^{51}Cr 27.704 d	^{52}Cr 83.789	^{53}Cr 9.501
23				^{40}V p $4.6\cdot10^{-18}$ s	^{41}V p $3.1\cdot10^{-17}$ s	^{42}V 45.7 ms	^{43}V 79.3 ms	^{44}V ★150 ms / 111 ms	^{45}V 547 ms	^{46}V 422.50 ms	^{47}V 32.6 m	^{48}V 15.9735 d	^{49}V 330 d	^{50}V 0.250 / $1.4\cdot10^{17}$ y	^{51}V 99.750	^{52}V 3.743 m
22		^{37}Ti 2p $4.6\cdot10^{-19}$ s	^{38}Ti 2p $4.0\cdot10^{-19}$ s	^{39}Ti 28.5 ms	^{40}Ti 52.4 ms	^{41}Ti 80.4 ms	^{42}Ti 208.65 ms	^{43}Ti 509 ms	^{44}Ti 50.1 y	^{45}Ti 3.08 h	^{46}Ti 8.25	^{47}Ti 7.44	^{48}Ti 73.72	^{49}Ti 5.41	^{50}Ti 5.18	^{51}Ti 5.76 m
21			^{37}Sc p $2.8\cdot10^{-20}$ s	^{38}Sc p $4.3\cdot10^{-13}$ s	^{39}Sc 121 ms	^{40}Sc 182.3 ms	^{41}Sc 596.3 ms	^{42}Sc ★62.0 s / 680.79 ms	^{43}Sc 3.891 h	^{44}Sc ★2.44 d / 3.97 h	^{45}Sc 100	^{46}Sc 83.79 d / 18.75 s	^{47}Sc 3.3492 d	^{48}Sc 1.82 d	^{49}Sc 57.18 m	^{50}Sc 1.708 m / ★350 ms
20	^{34}Ca 2p 800 ps	^{35}Ca 25.7 ms	^{36}Ca 101.2 ms	^{37}Ca 181.1 ms	^{38}Ca 443.8 ms	^{39}Ca 860.3 ms	^{40}Ca 96.941	^{41}Ca $1.02\cdot10^{5}$ y	^{42}Ca 0.647	^{43}Ca 0.135	^{44}Ca 2.086	^{45}Ca 162.61 d	^{46}Ca 0.004	^{47}Ca 4.536 d	^{48}Ca 0.187 / $1.9\cdot10^{19}$ y	^{49}Ca 8.718 m
19	^{33}K p $2.1\cdot10^{-18}$ s	^{34}K p 720 ps	^{35}K 178 ms	^{36}K 341 ms	^{37}K 1.225 s	^{38}K 7.636 m / ★924.6 ms	^{39}K 93.2581	^{40}K 0.0117 / $1.248\cdot10^{9}$ y	^{41}K 6.7302	^{42}K 12.355 h	^{43}K 22.3 h	^{44}K 22.13 m	^{45}K 17.81 m	^{46}K 1.75 m	^{47}K 6.8 s	
18	^{32}Ar 98 ms	^{33}Ar 173.0 ms	^{34}Ar 843.8 ms	^{35}Ar 1.7756 s	^{36}Ar 0.3336	^{37}Ar 35.011 d	^{38}Ar 0.0629	^{39}Ar 269 y	^{40}Ar 99.6035	^{41}Ar 1.8226 h	^{42}Ar 32.9 y	^{43}Ar 5.37 m	^{44}Ar 11.87 m	^{45}Ar 21.48 s	^{46}Ar 8.4 s	^{47}Ar 1.23 s
17	^{31}Cl 190 ms	^{32}Cl 298 ms	^{33}Cl 2.506 s	^{34}Cl ★32.99 m / 1.5266 s	^{35}Cl 75.76	^{36}Cl $3.01\cdot10^{5}$ y	^{37}Cl 24.24	^{38}Cl 37.24 m	^{39}Cl 56.2 m	^{40}Cl 1.35 m	^{41}Cl 38.4 s	^{42}Cl 6.9 s	^{43}Cl 3.13 s	^{44}Cl 560 ms	^{45}Cl 413 ms	^{46}Cl 232 ms
16	^{30}S 1.1763 s	^{31}S 2.5534 s	^{32}S 94.99	^{33}S 0.75	^{34}S 4.25	^{35}S 87.37 d	^{36}S 0.01	^{37}S 5.05 m	^{38}S 2.84 h	^{39}S 11.5 s	^{40}S 8.8 s	^{41}S 1.99 s	^{42}S 1.016 s	^{43}S 265 ms	^{44}S 100 ms	^{45}S 68 ms
15	^{29}P 4.142 s	^{30}P 2.498 m	^{31}P 100	^{32}P 14.284 d	^{33}P 25.34 d	^{34}P 12.43 s	^{35}P 47.3 s	^{36}P 3.6 s	^{37}P 2.31 s	^{38}P 640 ms	^{39}P 280 ms	^{40}P 150 ms	^{41}P 101 ms	^{42}P 48.5 ms	^{43}P 36.5 ms	^{44}P 18.5 ms
14	^{28}Si 92.223	^{29}Si 4.685	^{30}Si 3.092	^{31}Si 157.3 m	^{32}Si 153 y	^{33}Si 6.11 s	^{34}Si 2.27 s	^{35}Si 780 ms	^{36}Si 450 ms	^{37}Si 90 ms	^{38}Si 63 ms	^{39}Si 47 ms	^{40}Si 31.2 ms	^{41}Si 20.0 ms	^{42}Si 12.5 ms	^{43}Si 5.65 ms

図 3.6　核図表の実験データ．青が 5 億年以上の半減期をもつ原子核．緑は 30 日以上，赤は 10 分以上，黄色は 10 分以下の半減期をもつ原子核．表中の数値で時間の単位で示しているのが半減期，単位がない数字が同位体間の存在比（100% 表記）（口絵 6 参照）．

　また，平均的偶奇効果により陽子の数，中性子の数が偶数の原子核が安定である傾向も見て取れる．偶奇性による安定性は例えばカルシウム Ca 同位体が ^{40,42,44,46,48}Ca の偶偶核がすべて安定であることを挙げておく（奇質量数核の例外として ^{43}Ca も安定．原子核の安定性が $A =$ 一定における質量の極小値で決まる．安定性の議論は β 崩壊で説明）．なお，ロシアのドブナの研究所が ^{48}Ca を入射ビームに利用したことを第 1 章で述べたが，^{48}Ca が顕著に中性子過剰であることがわかる．これは陽子数 20 が，次節で述べる魔法数であることが相まって安定化を起こしている．後で述べるように原子核はまず β 崩壊により，質量数 A が一定の間柄で安定性が定まる．$A = 48$ 関係の中で真に安定なのは ^{48}Ti にみである．^{48}Ca は β 崩壊ではほとんど（^{48}Sc に）崩壊せず，2 重 β 崩壊でわずかに ^{48}Ti に崩壊する原子核である．その半減期は 1.9×10^{19} 年（1900 京年）であり，放射性をほとんど気にせず普通の物質と同等に扱うことができる．ただしその同位体比は 0.187% であり，これを単体として（ほぼ 100% となるように）抽出（同位体分離）するには大変な作業が必要である．

3.4　原子核の閉殻構造

　原子核の場合，原子における電子系と異なり，中心に固定する点が存在しているわけではない．そして核子間の核力で記述して多体問題を解く必要があるが，核力の複雑性が絡み，扱いが難しい．この点は次の章で少々議論することにして，ここでは，核内で核子は他の核子とはほとんど無関係に運動すると考える．これを独立粒子模型 (independent-particle model) と呼ぶ．これを立脚点にすると原子核に単一粒子準位を認め，閉核構造を簡単に示すことができる．この考えを（もともとの意味での）殻模型 (shell model) と呼ぶ．

　さて，原子核内を平均的場の中で 1 つの粒子が閉じ込められて，他の核子を気にせず独立に運動しているとする（水素様原子）．クーロン力は考えず，つまり中性子の振る舞いだとする．この場合のポテンシャルとして 3 次元調和振動子型ポテンシャル $V(r) = \frac{1}{2}m\omega^2 r^2$ をとると，固有値

$$E_{\mathrm{nl}} = \hbar\omega\left(2n + l + \frac{3}{2}\right) = \hbar\omega\left(N + \frac{3}{2}\right), N = 2n + l \qquad (3.17)$$

が得られる（図3.7の左）．これから閉殻数として2, 8, 20, 40, 70, 112,…を得る．最初の3つ (2, 8, 20) は原子核の閉殻数と一致するが，それ以上は合わない．

別のポテンシャルとして3次元井戸型をとると，3次元調和振動子型で現れた縮退が解けて分岐が起こる．固有値は数値計算（または関数の交点を求める

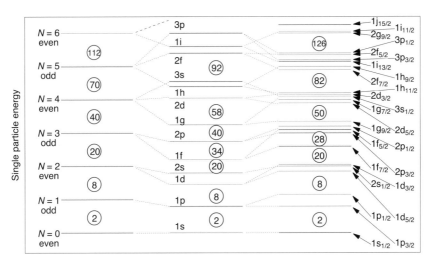

図3.7 単一中性子粒子準位の概略図．等方3次元調和振動子型ポテンシャル → 井戸型ポテンシャル → $l \cdot s$ を付加した場合の準位の移り変わりを示した．○数字はその準位まで下から粒子を詰めていった個数．

左図：等方3次元調和振動子型ポテンシャルから得られる単一粒子準位．N は調和振動子の主量子数．軌道角運動量のパリティを even（偶数），odd（奇数）で表した．

中図：無限の高さの井戸型ポテンシャルでの準位．両図とも $l \cdot s$ 力がないとした例で，実験閉殻と比較すると最初の 2, 8, 20 のみが対応している．

右図：$l \cdot s$ 力を付加した場合の一例．28, 50, 82, 126 にも閉殻が生じており，実験で知られている閉殻と一致している．質量数，陽子数・中性子数比の依存性は考慮していない（図2.2と同様の注意を要する）．

方法）で求めると，図 3.7 の中のような固有値が得られる[9]．分岐は起きたものの，3 次元調和振動子型と状況はあまり変わらない．

3.4.1 $l \cdot s$ 力の導入

マリア・ゲッパート＝メイヤー（Maria Göppert-Mayer，1906～1972 年）とヨハネス・ハンス・イェンゼン（Johannes Hans Jensen，1907～1973 年）は，核力にはスピン・軌道角運動量に依存する力が含まれると考え，平均場の立場でもスピン・軌道角運動量に依存する力があるはずであるとして，$l \cdot s$ 力を導入した．この力により，例えば 1p 軌道（縮退度 3×2=6）は核子のスピンが軌道角運動量 l と平行のとき（全角運動量 $j = 3/2$，表記は $1p_{3/2}$，縮退度は 2）は引力となりエネルギーを下げ，反平行のとき（$j = 1/2$，$1p_{1/2}$，縮退度は 4）は斥力となりエネルギーを上げるように作用する（図 3.8）．

彼らはこの $l \cdot s$ 力が適切な大きさであれば，原子核の閉核構造つまり 2，8，20，28，50，82，126 の魔法数の出現を見事に示すことに成功した（1963 年ノーベル物理学賞）．

$l \cdot s$ は原子核構造の定量的記述に不可欠である．

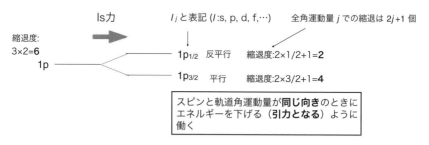

図 **3.8**　原子核系におけるスピン・軌道角運動量力（$l \cdot s$ 力）．

---

[9] 原子核の形状は質量数 40（例えば ^{40}Ca あたり）～50 くらいまでは調和振動子型，それより大きくなるとフェルミ分布を逆にした Woods-Saxon 型に近くなり，その位置変化（微分形）で表せるポテンシャルとして表すのは妥当であろう．

3.4.2 原子系の $\boldsymbol{l}\cdot\boldsymbol{s}$ 力，原子核系の $\boldsymbol{l}\cdot\boldsymbol{s}$ 力

このように原子核に $\boldsymbol{l}\cdot\boldsymbol{s}$ 力が必要であるが，これを原子系と比較すると一見不思議なことが起こっている．1p 軌道をみると例えば原子系での電子は $1\mathrm{p}_{1/2}$ が低く，$1\mathrm{p}_{3/2}$ が高い．一方原子核系では $1\mathrm{p}_{3/2}$ が低く，$1\mathrm{p}_{1/2}$ が高い．このように $\boldsymbol{l}\cdot\boldsymbol{s}$ 力が原子系と原子核系で逆に働いている．しかもその分岐の大きさ（$\boldsymbol{l}\cdot\boldsymbol{s}$ の強さ）も（スケールを同等にしてみた場合）原子核系のほうが数十倍大きい．

この理由はあまり明確ではない．原子系は $V(r) = Ze/r$ から出発するので $\boldsymbol{l}\cdot\boldsymbol{s}$ 項が簡単に導出できるが，原子核系では核力はもうすこし複雑である．一つには原子核系を作る核力はクライン–ゴルドン方程式に従う中間子場であるところから説明する考えもある．中間子には π 中間子のような擬スカラー（スピン 0，パリティ負）粒子や，スピン 1 のベクトル粒子など様々な中間子が介在し，核力を構成しているる．例えば擬スカラー粒子とベクトル粒子の競合の結果 $\boldsymbol{l}\cdot\boldsymbol{s}$ が逆転しているのかもしれない．このあたりのヒントとしては，例えば u, d, s の 3 つのクォークからなる Λ 粒子 1 個と陽子（uud からなる），中性子（udd からなる）複数個からなる原子核（ハイパー核と呼ばれる）がヒントになるかもしれない．このハイパー核における $\boldsymbol{l}\cdot\boldsymbol{s}$ 力による分岐は通常の原子核と比べると，分岐の方向は同じだがその間隔は極めて小さいことがわかっている．いずれにせよこの方面の理解は定量的評価を含めて，少し議論が必要であろう．

3.4.3 Woods-Saxon 型ポテンシャル

さて，図 3.7 で示したような単一粒子準位を，実験値の準位を再現するように計算したい．まず注意しなければならないのは，原子核は次節に述べるように閉殻付近以外はほとんど変形していて，球形，つまり動径方向のみの関数形のポテンシャルで記述できるのでは閉殻の原子核付近だけであることである．ここでは閉殻の原子核のみを議論する．

実験の単一粒子準位を再現する方法として古くから提案されているものは，軽い核（例えば ^{40}Ca 付近まで）は調和振動子+$\boldsymbol{l}\cdot\boldsymbol{s}$+表面での補正を加えたもの[10]，

[10) 調和振動子は無限のポテンシャルとなるのでそのままでは表面付近，言い換えると浅いエネルギー準位に関する記述に不都合である．その処方としてあるパラメータで（κ と表記する）表面部分を補正する．

中重核から重核については Woods-Saxon 型がよく使われる．Woods-Saxon 型は

$$V(r) = -V_0 \frac{1}{1 + \exp[(r-R)/a]} \tag{3.18}$$

の関数型である．これは散乱実験により得られる原子核の密度で記述されるフェルミ分布

$$\rho(r) = \rho_0 \frac{1}{1 + \exp[(r-R_0)/a_0]} \tag{3.19}$$

をひっくり返した形と対応している[11]．R はこのポテンシャルにおける原子核半径である．原子核ごとに決めてもよいが，原子核の飽和性を採用して $R = r_0 A^{1/3}$ とすることが一般的で，a を定数とする場合が多い．Woods-Saxon 型を中心力 $V(r)$ として採用した場合，$\boldsymbol{l} \cdot \boldsymbol{s}$ 力はそのもととなる密度 $\rho(r)$（または中心力 $V(r)$）の微分形

$$V_{ls}(r) = V_{ls0} \frac{1}{r} \frac{d\rho(r)}{dr} \boldsymbol{l} \cdot \boldsymbol{s} \tag{3.20}$$

と採る場合が多い．これはクーロン場下のディラック方程式から出てくる $\boldsymbol{l} \cdot \boldsymbol{s}$ の関数形と同型である．原子核が表面付近で密度が急激に下がる（その目安は a が与える）．つまり $\boldsymbol{l} \cdot \boldsymbol{s}$ 力原子核の表面部分で大きく効く．V_0，V_{ls0} を A 依存性，$N-Z$ 依存性などを取り入れ，軽い原子核から重い原子核まで球形原子核の単一粒子を比較的よく再現できる．また，原子核の反応モデル計算においてもよく利用されている．さらに外挿になるが，超重核の未知核種を推定することも可能である．

3.4.4　超重核の閉核構造

(a)　Woods-Saxon 系での超重核の閉殻予測

さて，超重核の単一粒子準位の計算例を紹介しよう [20]．図 3.9 は Woods-Saxon 型のポテンシャルで計算した ^{208}Pb，^{256}U，^{298}Fl の単一粒子ポテンシャルの中心力部分およびクーロンポテンシャル部分である．^{208}Pb が既知の 2 重

---

[11] ポテンシャルの半径 R と密度分布の半径 R_0 では R のほうが一般に大きい．a と a_0 も同様．

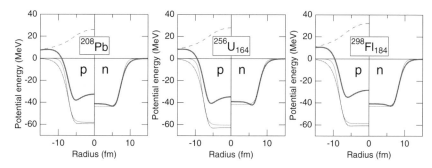

図 **3.9**　超重核の単一粒子ポテンシャルの例 (^{208}Pb，^{256}U，^{298}Fl) [20]．中心力部分の
み．p は陽子，n は中性子．黒線は Woods-Saxon ポテンシャル．太線はその改
良型で，表面付近の dip 補正を施したものである．破線は陽子が感じるクーロ
ンポテンシャル（共通）．陽子側の半径（動径方向）を横軸左側にとった．

魔法数核，^{298}Fl がいわゆる超重核の 2 重魔法数核，^{256}U はモデル計算によっ
て 2 重魔法数核が現れる原子核である．細線が Woods-Saxon 型 [21]，太線が
Woods-Saxon 型に表面付近の窪み補正を施した改良型である．ポテンシャルの
係数を Z, N の関数としており，原子核ごとにその形が（滑らかな変化である
が）異なっている．核力の荷電対称性を考慮し，$Z > N$ の原子核では陽子の核
力ポテンシャルが深いが，陽子にはクーロン斥力があり，総和として見ると中
性子より浅めになっている．

　このポテンシャルで計算した単一粒子準位を図 3.10 に示す．^{208}Pb は既知の
最重の 2 重閉殻魔法数核である ^{208}Pb の実験値であり [12]，模型計算の妥当性の
ために示した．隣の原子核は陽子数，中性子を変えて単一粒子準位の閉殻ギャッ
プが核子をすべて準位の下から詰め切った準位（フェルミ準位）の上に生じる
ような原子核を探した結果，得られた球形原子核の単一粒子準位である．

　この 2 種類のモデル計算とも，^{298}Fl（陽子数 114，中性子 184）が超重核の
2 重閉殻魔法数核であると示している．中性子準位では $3d_{3/2}$ と $2h_{11/2}$ の間に
184 のギャップが，陽子準位では $2f_{7/2}$ と $2f_{5/2}$ の間に 114 のギャップが生じて
いる．これが標準的な方法で予想される「超重核の魔法数核」である．この計

12) 正確には ^{209}Pb の単一中性子準位，^{209}Bi の単一陽子準位，^{207}Pb の単空孔中性子準
位 ^{207}Tl の単空孔陽子準位の実験値．

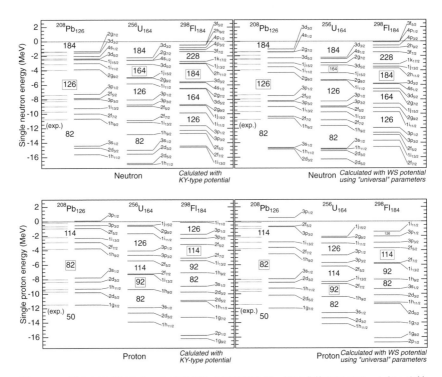

図 **3.10**　図 3.9 のポテンシャルで計算した超重核の単一粒子準位の例 [20]. 上部：中性子準位. 下部：陽子準位. 左部：Woods-Saxon の改良型. 右部：Woods-Saxon 型. 左から ^{208}Pb, ^{256}U, ^{298}Fl. なお, ^{256}U は ^{208}Pb と ^{298}Fl の間に位置する 2 重閉殻魔法数核であると改良型で計算された原子核である.

算結果は 1960 年代に計算されたものと大筋は一緒である. これが核図表における「超重核の安定の島」を形成するもととなっている.

　陽子の $Z = 126$ のギャップはどうであろうか. 改良型では 126 のギャップが $3p_{1/2}$ と $1i_{11/2}$ の間に見られるが, 標準の Woods-Saxon 型の計算（右図）ではギャップは見られない. 改良型では ^{298}Fl では 114 がフェルミ準位での閉殻であり, ^{310}[126] では（図なし）, 126 がフェルミ準位での閉殻となっている. 大小比較では, どちらかというと 114 のほうがギャップが大きい. このような違いは主に表面付近の窪みの効果からきている.

　このように，超重核領域の魔法数の閉殻は，^{208}Pb に見られる $Z = 82$, $N = 126$ の閉殻に比べて小さい（弱い）．そのため理論模型のわずかな差異が軌道準位の位置の差異を与え，閉殻の位置を変えてしまう．他の理論計算，特に微視的と呼ばれる計算ではそれが顕著で，採用する模型計算により，$Z = 114, 120, 124, 126$ などと異なる結果となっている．

　陽子の閉殻が中性子のように $Z = 126$ の閉殻を生じない，または極めて弱いのは，クーロンポテンシャルの存在のためである．図 3.9 でわかるように陽子 (p) に対する合計のポテンシャルは 0 エネルギーを貫いている．中性子の漸近的な振る舞いとは対照的である．

(b) 相対論的平均場計算での超重核の閉殻予想

　単一粒子準位計算の他の例として相対論的平均場（第 4 章で説明）の計算を示す [22]．ここでは自己無撞着計算の結果，原子核密度が中心付近で下がり，相対的に原子核の表面付近での密度が高いという分布となり，その結果ポテン

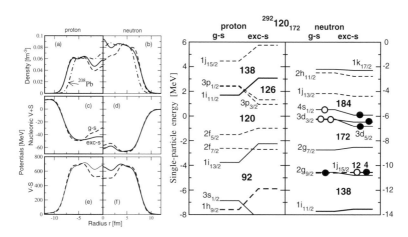

図 **3.11**　相対論的平均場理論で計算した原子核密度，単一粒子ポテンシャルの中心力部分（ベクトル型-スカラー型），単一粒子準位 [22]．単一粒子準位のうち基底状態（図中の g-s）が $Z = 120$, $N = 172$ の閉殻を示している．一方彼らの計算した励起状態（図中の exc-s）では $Z = 126$, $N = 184$ が 2 閉殻となっている．

シャルの表面に窪みが生じる,という結果を出している.彼らの単一粒子準位計算の結果は,基底状態では $Z = 120, N = 172$ が閉殻となっている(図 3.11).これも窪みのないポテンシャルに比べて,$1i_{11/2}$,$1i_{13/2}$ といった軌道角運動量が高い軌道が相対的に下がった結果と見ることができる.

3.5 原子核の変形

ここまで原子核の形状を球形であるとみなして議論してきた.原子核が帯電液滴だとみなすと,その液滴を少し変形させた場合,引き延ばされることによりクーロンエネルギーの総和が小さくなる.一方表面エネルギーは表面積の増加に応じて増える.これだけだと外部からエネルギーを投入しない限り,その原子核の形状では安定せずに元の球形に戻ってしまうが,原子核の単一粒子が併存するのであれば,変形単一粒子準位を構成して全エネルギーを最小化することが可能であり,変形状態での基底状態が実現しうる.これは巨視的-微視的模型の基本的な考え方である.

3.5.1 変形殻模型

図 3.7 や図 3.10 に示したような単一粒子準位系は,原子核球形として示したものである.次に原子核の形状変化に伴い,まずは単一粒子準位を考え,原子核の形状変化に伴い,球対称(動径方向 r のみに依存)で縮退していた状態が解ける様子を調べよう.原子核の形状を軸対称変形と仮定し,調和振動子型のポテンシャル

$$V = \frac{1}{2}m\left[\omega_\perp{}^2(x^2 + y^2) + \omega_z{}^2 z^2\right] \tag{3.21}$$

であるとする.$\omega_\perp$ と ω_z はその方向の振動数パラメータであるが,これを 1 つのパラメータで見通しを良くするため,$\varepsilon = (\omega_\perp)/\omega_0$ と ε と ω_0 を定義する.すると

$$\omega_\perp = \omega_0(\varepsilon)\left(1 - \frac{2}{3}\varepsilon\right) \tag{3.22}$$

$$\omega_z = \omega_0(\varepsilon)\left(1 + \frac{1}{3}\varepsilon\right) \tag{3.23}$$

と表せる（$\omega_0(\varepsilon)$ は平均振動数を $\overline{\omega}$ として $\omega_0(\varepsilon) \sim \overline{\omega}(1 + 2/9\varepsilon^2)$ と近似できる）.

　3 次元調和振動子の問題としてこれを解くと

$$E(n_z, n_\perp) = \hbar\omega_z\left(n_z + \frac{1}{2}\right) + \hbar_\perp(n_\perp + 1) = \hbar\omega_0\left(N + \frac{3}{2} + (n_\perp - 2n_z)\frac{\varepsilon}{3}\right) \tag{3.24}$$

が得られる. ここで $N = n_\perp + n_z$ で, それぞれの座標の主量子数の和に相当する. 式 (3.24) の様子を図 3.12 に示す. このように原子核の単一粒子状態を変形度の関数として表した図をニルソン図 (Nilsson diagram) と呼ぶ.

　ε は $\varepsilon = (\omega_\perp - \omega_z)/\omega_0$ であることから $\varepsilon > 0$ は $\omega_\perp > \omega_z$, つまりラグビーボールのような形を表す. これをプロレート (prolate) と呼ぶ. $\varepsilon < 0$ は例えて言えばパンケーキ状の形を示す. この形をオブレート (oblate) と呼ぶ.

　$\varepsilon = 0$ は球形であり, 図 3.7 の左の準位の 3 次元調和振動子型と同じである. それが ε を変化することにより, 縮退が解ける. これは原子核の対称性が破れたことに相当する. 対称性が破れた原子核は回転をすることにより全系の対称性を戻そうとする（逆に言えば球形の原子核は回転しない）. 縮退が解けたことにより, ε に応じて新たなギャップが生じる. これが変形魔法数である. 特に特徴的なのは ε がある値のところで再び縮退し, 対称性を一部回復していることである. これらは超変形状態とも呼ばれ, 対称性の回復現象として研究されている [24].

3.5.2　ニルソン図

　実際の原子核のポテンシャルには $\boldsymbol{l} \cdot \boldsymbol{s}$ 力が存在する. 調和振動子型に $\boldsymbol{l} \cdot \boldsymbol{s}$ 項を付加することで現実的な変形準位を再現することができる. 図 3.13 はそのようにして得られた単一粒子準位である. このような図のニルソン図である.

　この図の計算は（クーロン力が含まれていないので）中性子に対する単一粒子準位である. $N = 82$ の球形閉殻のギャップが変形度 ε に応じてなくなり, 代わりにプロレート側に $N = 74, 98, 108$, オブレート側に $N = 86, 102$ といった

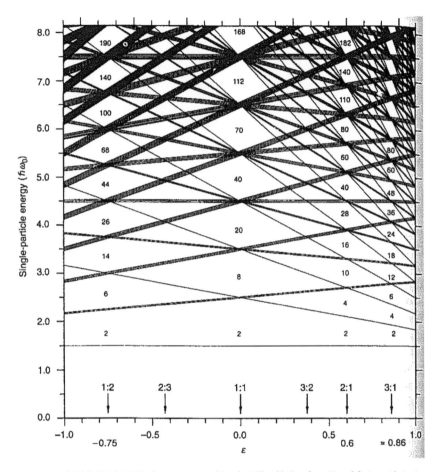

図 **3.12**　軸対称調和振動子ポテンシャルの解である単一粒子エネルギー（式 (3.24)）[23]. $\varepsilon = 0$ は 3 次元調和振動子型の単一粒子エネルギー（図 3.7 参照）と一致する. ε により縮退が大きく回復する場合がある. $\varepsilon = (\omega_\perp - \omega_z)/\omega_0$ と戻すと, $\omega_\perp : \omega_z = 1 : 2, 1 : 1, 2 : 1, 3 : 1$ で特に縮退が回復している. このようなときの形状を超変形と呼ぶ（$\omega_\perp : \omega_z = 2 : 3, 3 : 2$ も縮退はある程度戻っている）.

新たなギャップが生じている.

　このような変形閉殻は原子核を高励起状態にしてこのような変形状態を実現する実験を行うことで調べることができる. 一方このような変形閉殻が基底状

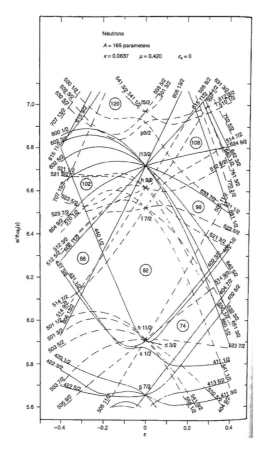

図 **3.13** $l \cdot s$ 力を考慮した変形ポテンシャルで単一粒子準位の分岐の様子 [23]. 図中
の数字は各軌道を定める漸近的量子数と呼ばれる量である（505 11/2 の場合
$N = 5, n_z = 0, \Lambda = 5, \Omega = 11/2$ となる. N：主量子数, n_z：対称軸方向の振
動量子数. Λ 軌道角運動量の対称軸方向の成分. Ω 全角運動量の対称軸方向の
成分. Ω は厳密に保存される量子数).

態で実現できるかもしれず，例えば超重核に至る途中の変形核領域で存在する
可能性がある.

3.5.3　変形液滴模型

次に原子核を帯電液滴とみなしたときの変形エネルギーを見積もってみよう．その際にこの章で議論した WB 公式の球形液滴模型の係数（式 (3.6)）を利用する．

まず体積一定としよう（原子核の非圧縮性を仮定）．簡単のため，形状を回転楕円体とし，球形のときの半径を R，長軸の半径を $a = R(1+\varepsilon)$，短軸の半径を $b = R/\sqrt{1+\varepsilon}$ とする．体積 $V = (4/3)\pi R^3 = (4/3)\pi ab^2$ は一定とする．この場合の表面積は

$$
\begin{aligned}
S &= 2\pi[b^2 + \{ab\sin^{-1}\sqrt{1-(b/a)^2}/\sqrt{1-(b/a)^2}\}] \\
&\approx 4\pi R^2 \times \left(1 + \frac{2}{5}\varepsilon^2\right)
\end{aligned}
\tag{3.25}
$$

となる．これから変形した原子核の表面エネルギー E_{defs} は WB 公式の E_{s} を用いて

$$
E_{\mathrm{defs}} = E_{\mathrm{s}} \times \left(1 + \frac{2}{5}\varepsilon^2\right) = a_{\mathrm{s}}A^{2/3}\left(1 + \frac{2}{5}\varepsilon^2\right)
\tag{3.26}
$$

つまり変化分 $\Delta E_{\mathrm{s}}(\varepsilon)$ は

$$
\Delta E_{\mathrm{s}}(\varepsilon) = a_{\mathrm{s}}A^{2/3} \times \frac{2}{5}\varepsilon^2
\tag{3.27}
$$

クーロンエネルギー E_{defC} は電荷密度を ρ として，WB 公式の E_{C} を用いて

$$
\begin{aligned}
E_{\mathrm{defC}} &= \frac{1}{2}\int \rho(r_1)\rho(r_2)dv_1dv_2/r_{12} \\
&\approx \frac{3}{5}\frac{e^2Z^2}{R}\left(1 - \frac{1}{5}\varepsilon^2\right) \\
&= E_{\mathrm{C}} \times \left(1 - \frac{1}{5}\varepsilon^2\right) = a_{\mathrm{C}}\frac{Z(Z-1)}{A^{1/3}}\left(1 - \frac{1}{5}\varepsilon^2\right)
\end{aligned}
\tag{3.28}
$$

となる．つまり変化分 $\Delta E_{\mathrm{C}}(\varepsilon)$ は

$$
\Delta E_{\mathrm{C}}(\varepsilon) = -a_{\mathrm{C}}\frac{Z(Z-1)}{A^{1/3}} \times \frac{1}{5}\varepsilon^2
\tag{3.29}
$$

となる．よって変形 ε による全エネルギーの変化は

$$\Delta E(\varepsilon) = \Delta E_\mathrm{s}(\varepsilon) + \Delta E_\mathrm{C}(\varepsilon) = \varepsilon^2 \left(\frac{2}{5} a_\mathrm{s} A^{2/3} - \frac{1}{5} a_\mathrm{C} \frac{Z(Z-1)}{A^{1/3}} \right) \qquad (3.30)$$

となる．括弧の中が正であれば楕円体近似（微小変形）の範囲で変形に対して復元され，常に原子核は球形である．この範囲は $2E_\mathrm{s}/E_\mathrm{C} > 1$，または表 3.2 を用いて，$Z(Z-1)/A < 2a_\mathrm{s}/a_\mathrm{C} \approx 49$ がその境界となる．この値を越えると原子核はクーロン斥力が勝り，バラバラに壊れてしまう．言い換えると核分裂障壁が 0 となることを示す．核図表上で表すとこの境界は曲線となるのでこれを fissility line（核分裂限界線）と呼ぶ．通常の原子核であればこの範囲におさまる．これまで実験的に確認された超重核領域でも範囲内であるが，この fissility line にかなり近づいていて，核分裂が起こりやすい領域であると見積もることができる．

3.5.4　基底状態の変形の実現

原子核が帯電液滴とみなすことができ，かつ独立粒子描像（広い意味で対相関や粒子空孔励起などの多体の効果も含んでよい）が成り立っている（併存している）系であるとすると，簡便な方法で任意の形状のエネルギー計算ができ，そしてその中の最小のエネルギーを基底状態として求めることができる．

原子核の結合エネルギーを原子核の形状に依存する形で巨視的エネルギーを $E_\mathrm{LDM}(\mathrm{deform})$，微視的エネルギーを $E_\mathrm{micro}(\mathrm{deform})$ とし，

$$E_\mathrm{total}(\mathrm{deform}) = E_\mathrm{LDM}(\mathrm{deform}) + E_\mathrm{micro}(\mathrm{deform}) \qquad (3.31)$$

とおき，考えうる様々な形状をとり，その中で式 (3.31) が最小値をとるとき，それが原子核の基底状態であり，その形状が原子核の基底状態の形状である．後は適切な $E_\mathrm{LDM}(\mathrm{deform})$ なり $E_\mathrm{micro}(\mathrm{deform})$ なりを用意すればよい．そこで問題となるのは原子核の形状の取り方である．前説では調和振動子ポテンシャルで軸対称・反転対称形状を仮定したが，原子核がこのような（簡単な）形状をする保証はない．また，基底状態付近では変形度は比較的小さいので選び方の差異はあまり問題にならないが，超変形を議論したり，核分裂を議論する場合，変形パラメータの高次の項や，非対称度などが大きく影響する．

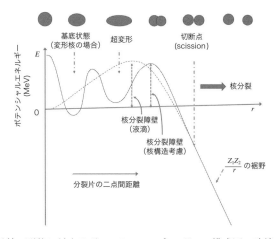

図 3.14　原子核の形状に対するポテンシャルエネルギーの模式図．破線：液滴模型（核構造なし）．実線：核構造の効果を考慮した場合．分裂障壁の相対的な大小関係，切断点の相対的位置などは原子核ごとで変わる．

　基底状態の形状に対するポテンシャルエネルギーの変化を，図 3.14 に示す．液滴模型（破線）で見ると，形状を回転楕円体とした近似では原点（球形）付近のポテンシャルエネルギーは変形度の 2 次で大きくなるが，変形度が大きくなると多重極形状の要素が加わり，図のように曲率が小さくなり上に凸となる．その後形状は原子核を 2 つに分けるような形に発展し，最後に切断 (scission) し，2 片に分裂する．この遷移の過程でポテンシャルエネルギーが一番高い部分が核分裂障壁である．

　実際には核構造が関わり，少々複雑なポテンシャルエネルギーとなる（実線）．アクチノイドや超アクチノイドなど，2 重閉殻核と比べて陽子数，中性子数が外れた原子核は変形している形状が基底状態はである．次に変形を加えていくと，最初の核分裂障壁を超えて次の極小値が現れる．これが変形殻模型で説明した超変形状態である．変形殻模型で示したように超変形状態は複数あってもよい（それに応じて核分裂障壁も複数あってよい）．そして最後の核分裂障壁ののち，原子核は 2 片に分裂していく．

　この過程でいくつか注意がある．1 つは横軸への注意である．横軸は右の方

向に2点間距離が増えるとしたが，これはプロレートだけだなく，オブレートも
含まれる．計算上は例えば ε の正負で両者は定義されるが，オブレート側 $\varepsilon < 0$
の分裂片の2点間距離を定義すると2点間距離は広がっていく（プロレート側
の成長のほうが核分裂に近づきやすい形状であると言えるが）．

　次の注意は核分裂障壁の内側と外側の関係である．アクチノイドや超重核の
核分裂障壁は核構造を考慮すると，おおむね2つ以上の内側と外側の核分裂障
壁を有する．ウラン (Z=92) あたりまでは外側の核分裂障壁が高いが，ウラン
の中性子過剰核，そしてネプツニウム以上の原子核は外側の核分裂障壁のほう
が低くなる．その様子を図3.15で示す．これは陽子の数が多くなると，それだ
けクーロン斥力によるポテンシャルエネルギーを下げる効果が大きくなるから
である．2点間距離が大きいところでこの効果が大きい．つまりその外側の障
壁が多く下がっていく．（図5.8も参照）．

　次に非対称核分裂について述べておく．ウランの中性子誘起核分裂を始め，
これまで知られている原子核の核分裂のほとんどは質量数が異なる2つの分裂

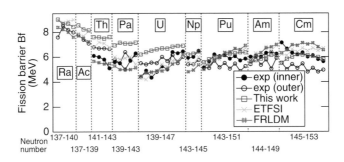

図 **3.15**　実験により測定された核分裂障壁．黒丸が内側の障壁，白丸が外側の障壁．
　Ra,Ac,Th,Pa では外側の障壁が高い（外側の障壁がこの原子核の核分裂障壁）．
　一方 U では中性子が多い同位体で外側の障壁が低くなる（内側の障壁がこの原
　子核の核分裂障壁）．Np 以降では，測定された範囲でほぼすべて内側の障壁の
　ほうが高い．なお，第5章で紹介する理論模型での核分裂障壁の計算結果も載
　せた（図 5.14 内の理論模型の比較も参照）．

片が多い分布となっている [13]．このような質量数比が異なる核分裂を，非対称核分裂と呼ぶ．図 3.16 に ^{235}U に熱中性子を当てた際に生じる核分裂片質量分布 (fission fragment mass distribution) である．安定核からみた中性子過剰核側に，2 つの部分にピークをもつ質量分布となっていることがわかる．このように 2 つの領域に分布する理由は 1 つは $Z = 50, N = 82$ の 2 重閉殻からくるのでないかと推測でき，それはある程度そのとおりであるが，もう少し詳細を考えると，図 3.14 に示したように原子核の変形発展を進めて，外側の核分裂障壁として非対称形状を経由し（^{236}U の場合おそらくこちらのほうがエネルギーは低い），その際ニルソン軌道における変形閉殻に起因する障壁の尾根を経由して核分裂を起こす．その変形閉殻の効果ではないか，と考えることができる．この変形閉殻は $Z = 50, N = 82$ の縮退が解けて作られたと見ることはできるので間接的に球形 2 重閉殻の効果とも言えるが，この方面の理論計算は微妙なパラメータで結果が変わることもあり（いくつか報告はあるものの），進展中である．

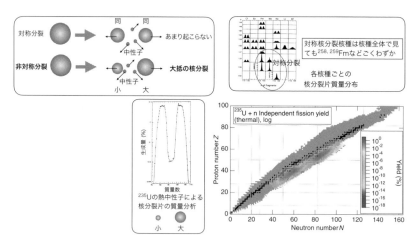

図 **3.16** ^{235}U に熱中性子を当てた際の核分裂片質量分布（fission fragment mass distribution. Japanese Evaluated Nuclear Data Library (JENDL) のデータを利用）．対数表示であることに注意.

[13) 1 つ 1 つの原子核の核分裂は様々な原子核の組み合わせの核分裂を起こし，それがどのような 2 つの分裂片になるかは確率的にしかわからない．しかし同じ核分裂の統計を多くとると，その生成量は原子核に固有の（エネルギー値依存の）分布を生じる.

3.5.5　系統的に現れる基底状態変形

　ここで，核図表上において現れる原子核の基底状態の変形の出現と質量の関係について簡単に述べる（図 3.17）．核図表上において原子核の形状をみると，閉殻付近の原子核は球形で，そこから外れると変形状態が基底状態になる．基底状態の変形原子核は図 3.17(a) のような領域（塗られた領域）に現れる．そこでの質量における影響の様子を示したのが図 3.17(b) である．魔法数 (magic number) から核子数を増やしていくと球形状態の基底状態はエネルギーを増加していく．一方で（励起状態にある）変形の（固有）状態の（固有）エネルギーが徐々に下がっていく．そしてある核子数のところで両方の状態が交差して逆転がおき，変形状態がエネルギー的に低くなり，こちらが基底状態となる．

　このような遷移現象は原子核の質量の値の変化から見ることができる．$M_{\exp}$

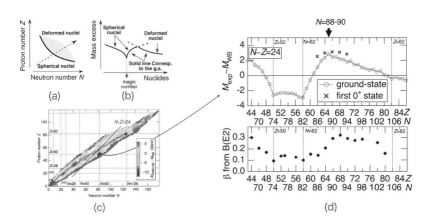

図 **3.17**　核図表上において現れる基底状態変形と原子質量の関係．(a) 核図表上において現れる基底状態変形核のおおよその位置 (塗られた領域)．(b) 原子核の状態が球形から変形に移る際のエネルギーの移り変わり．エネルギーが低いほうが基底状態のエネルギー（質量）である．(c) 図 3.5 の再掲．$N-Z=24$ の線を示した．(d)$N-Z=24$ で沿った $M_{\exp}-M_{\mathrm{WB}}$．(b) で示した球形状態から変形状態への基底状態の移り変わりが見える．×印はその原子核での第一 0^+ エネルギー．下図はその原子核の $2^+ \rightarrow 0^+$ 遷移強度 $B(E2)$ から求めた変形度 β．参考文献 [25] を再構築した．

から M_{WB}（WB 公式の質量）を引いた図 3.5 を用いて説明する．図 3.17(d) は図 3.5 において $N - Z = 24$ の線に沿って（図 3.17(c)），$M_{\mathrm{exp.}}$ から M_{WB} を引いたものである．ここには $N = 88\sim90$ のところで質量値の転移が起こっている．下図はそのときの原子核の形状である（変形度 β が 0.3 で一定になれば，おおむね変形していると言えるが，その始まり $N = 90$ から変形状態となっていると言える（$N = 82\sim88$ までは transition 領域））．× はその原子核の第一 0^+ 状態を表しているが，図 3.17(b) のような同じ量子状態が励起状態に現れていると見ることもできる．

　原子核はこのようにかなりの原子核で変形状態での基底状態を維持しているように見える．実際ウランを始めとする既知のアクチノイドはよく変形しており，そして超アクチノイド，そして超重核領域でも（球形閉殻にあまり近くない範囲で）変形しているであろうと予想できる．

3.6　原子核の安定性・不安定性

　この章の最後に，球形液滴模型から得られる原子質量と fissility line（核分裂限界線）だけで原子核が存在しうる領域について見積もっておこう．

3.6.1　中性子，陽子ドリップ線

(a)　中性子ドリップ線

　原子核から中性子を 1 個取り出すエネルギーを中性子分離エネルギーと呼ぶ．これは質量差から定義できて，(Z, N) の原子核に対して

$$S_{\mathrm{n}}(Z, N) = M(Z, N - 1) + M(0, 1) - M(Z, N) \tag{3.32}$$

となる．$M(0, 1)$ は中性子の質量で質量超過では $8.071\,\mathrm{MeV}/c^2$ である．いわゆる安定な原子核の場合 $S_{\mathrm{n}}(Z, N)$ はおおよそ 8 MeV 程度である．つまり 8 MeV のエネルギーを投入すれば中性子を原子核から取り出すことができるという意味である．原子核には平均的偶奇項のエネルギーが存在する．そのことも考慮

し，原子核から中性子を 2 個取り出すエネルギー（2 中性子分離エネルギー）

$$S_{2n}(Z, N) = M(Z, N-2) + 2 \times M(0, 1) - M(Z, N) \tag{3.33}$$

も考えよう．さて，中性子を多くしていくと，主に対称項 $(N-Z)^2/A$ のため，質量値が大きくなり，中性子分離エネルギーが小さくなる．ついには $S_n(Z, N) < 0$ となるところまで達する．核図表上でのこの限界線を中性子ドリップ線と呼ぶ．正確には $S_n(Z, N) > 0$ かつ $S_{2n}(Z, N) > 0$ が原子核が存在しうる限界として定義される [14]．

(b) 陽子ドリップ線

同様に原子核から陽子を 1 個取り出すエネルギーを陽子分離エネルギーと呼ぶ．(Z, N) の原子核に対して

$$S_p(Z, N) = M(Z-1, N) + M(1, 0) - M(Z, N) \tag{3.34}$$

となる．現在 $M(Z, N)$ は原子で考えており，$M(1, 0)$ は中性水素 ^1H の質量で質量超過では $7.2891\,\text{MeV}/c^2$ である．$S_p(Z, N)$ は 安定な原子核の場合は，やはり $8\,\text{MeV}$ 程度である．原子核から陽子を 2 個取り出すエネルギー（2 陽子分離エネルギー）

$$S_{2p}(Z, N) = M(Z-2, N) + 2 \times M(1, 0) - M(Z, N) \tag{3.35}$$

も考慮する．陽子側も $S_p(Z, N) > 0$ かつ $S_{2p}(Z, N) > 0$ が原子核が存在しうる限界として定義される [15]．これが陽子ドリップ線である．

3.6.2 β 崩壊安定線

β 崩壊は第 5 章でやや詳しく説するが，ここでは原子質量の関係に限定する

---

[14] $S_n(Z, N) > 0$ かつ $S_{2n}(Z, N) < 0$ の例として ^{26}O がある．^{26}O は $S_{2n}(Z.N) \approx -18$ keV であり，4.5 ピコ秒で 2 中性子放出する（1 中性子放出は質量の大小関係で禁止される）．^{26}O は中性子ドリップ線の外の核種として扱われる．

[15] $S_p(Z, N) > 0$ かつ $S_{2p}(Z, N) < 0$ の例として ^{45}Fe, ^{48}Ni, ^{19}Mg がある．これらは陽子ドリップ線の外の核種として扱われる．

ことのみ述べる. β 崩壊は

(1) 原子核内で中性子が陽子と電子と反ニュートリノへ変化：β^- 崩壊

(2) 原子核内で陽子が中性子と反電子（陽電子）とニュートリノへ変化：β^+ 崩壊

(3) 原子の軌道電子と陽子が中性子とニュートリノへ変化：電子捕獲 (electron capture, EC)

と 3 つのタイプをもつ崩壊事象である. これらが起こる条件は質量差で決まり, 以下の Q 値が正であることである.

$$Q_{\beta-} = M(Z, N) - M(Z + 1, N - 1)$$
$$Q_{\beta+} = M(Z, N) - M(Z - 1, N + 1) - 2m_e$$
$$Q_{\mathrm{EC}} = M(Z, N) - M(Z - 1, N + 1) \qquad (3.36)$$

β^+ 崩壊は崩壊後の余分な電子と生成する陽電子分の質量, つまり m_e の 2 倍分のエネルギーを必要とする.

図 3.18 に質量数 $A = 125$, $A = 126$ 付近の原子核の β 崩壊の様子を示す. $A = 125$ では ^{125}Sn, ^{125}Sb は質量差から $Q_{\beta-} > 0$ であり, β^- 崩壊をする. 一方 ^{125}Cs, ^{125}Xe, ^{125}I, は質量差から $Q_{\mathrm{EC}} > 0$ であり, β^+ 崩壊かつ EC を起こす（$Q_{\mathrm{EC}} > 0$ は β^+ の条件を含む）. $A = 125$ の中で ^{125}Te のみ $Q_{\beta-} < 0$ かつ $Q_{\mathrm{EC}} > 0$ であり, β 崩壊に対して安定である（1 つのみ）.

$A = 126$ については偶偶核（陽子の数, 中性子の数が共に偶数）と奇奇核（陽子の数, 中性子の数が共に奇数）が入れ違いになりながら β 崩壊をする. 原子核には平均的偶奇項と呼ばれる対相関エネルギーがあるので $A = $ 一定において質量値が上がったり下がったり (Staggering) をする. このため $A = 125$ のときと同じ考え方に加えて, ^{126}Te, ^{126}Xe のような $Q_{\beta-} < 0$ かつ $Q_{\mathrm{EC}} < 0$ のような原子核が複数存在しうる（1 個だけの場合も当然ある）. このようにして原子核は核図表上で β 崩壊に対する安定性により, 偶偶核が安定になる傾向がある [16]. なお, ^{126}Xe は電子捕獲は起こさないが 2 重電子捕獲をして ^{126}Te の

[16) このことは, 原子番号で見たとき, β 崩壊に対して安定な原子核が存在しないこともありうることを意味する. 実際原子番号 43 のテクネチウム Tc（小川正孝のニッポニ

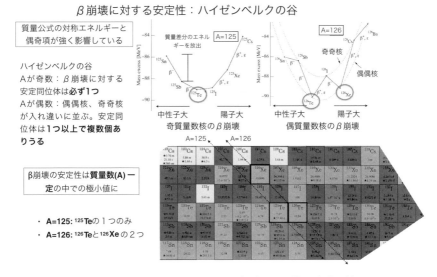

図 **3.18** 質量数 $A = 125$, $A = 126$ 付近の原子核 β 崩壊の様子.

崩壊しうる. しかしその半減期は観測にかからないほどなのでここでは議論しない.

3.6.3 原子核の存在領域

さて, これらを元にして原子核の存在領域および安定性について核図表上で書いてみよう. 図 3.19 は WB 公式で求めた質量を用いて $S_n > 0$, $S_{2n} > 0$, $S_p > 0$, $S_{2p} > 0$ である原子核を描画したものである. そして $Q_{\beta-} < 0$ かつ $Q_{EC} < 0$ の原子核を β 安定核として描画, そして核分裂限界線 (fissility line) として簡単のため $Z^2/A = 49.76$ として描画したものである. 原子核の閉殻構造で議論した閉殻魔法数についてもガイド線も付した.

われわれがこれまで実験的に存在を確認した原子核は図中に示したとおりで, 3,000 核種を超えている. 中性子過剰核, 中性子欠損核 [17) の限界を占めるド

ウム, 1.4 節を参照), 61 番元素のプロメチウム Pm は β 崩壊に対して安定な原子核は存在しない. これは陽子数, 中性子数が離散的な数であることが理由とも言える.
17) 陽子の数が中性子の数より多いわけではないので, 正確を期す際にはこう呼ばれる.

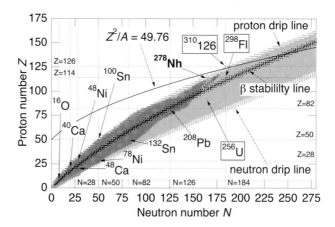

図 **3.19**　球形液滴模型（殻効果なし）から得られる陽子ドリップ線 (proton-drip line)，
中性子ドリップ線 (neutron-drip line) と核分裂限界線 (fissility line)．WB 公
式（式 (3.7)）の係数の最適化は 2003 年版の質量データに対して行った．ま
た，代表的な 2 重閉殻核を示した（四角枠は未知核種で理論予測．位置の把
握の助けのため理研で合成した ^{278}Nh についても示した（太字．図中の濃く
示した核種は実験的に存在が確認された原子核で 3,299 核種（原子力機構核図
表 2018 [4] のデータより）．

リップ線は重い核で，互いに広がりつつも，超重核領域以降ではおおむね一定
の間隔に位置している．β 安定線は ^{208}Pb を通り，次の 2 重魔法数の超重核と
される ^{298}Fl を通っている．β 安定線が両ドリップ線の中心を通っていないの
は重い原子核での $Z(Z-1)/A^{1/3}$ の効果の影響である．β 安定線が弓の弧上に
中性子過剰核側に曲がっているのもその効果である．

　超重核領域に目を向けよう．この領域では 118 番元素まで領域を伸ばし，その
領域には日本で合成された 113 番元素 ^{278}Nh も含まれている．114 番元素 ^{298}Fl
や ^{310}126 も近そうに見えるが，実験的にはまだ隔たりがある．核分裂限界線
(fissility line) と比較すると，^{278}Nh は相当この線に近くなっている．核分裂限
界線が核分裂障壁が 0 となる目安の線とすれば，この線と陽子・中性子ドリッ
プ線に囲まれた領域が原子核が存在しうる目安の領域となる．だとすれば，こ
れまで実験で確認された原子核の倍，例えば 6,500 核種程度以上は（人工的に
作るのも含めて）存在しうるのかもしれない．

　この議論はあくまで原子核を球形液滴とみなした議論であった．核構造を考慮した存在領域の核図表上の分布および核種総数の理論予測については第5章，および第7章で改めて議論する．

第4章

原子核の質量研究の現状

　この章では原子核の構造計算,実質的には原子核の質量計算の現状について述べる.原子核の質量は結合エネルギーと同義であり原子核の全エネルギーである.原子核の質量はそれゆえその質量差を通して原子核の崩壊を支配し,逆に原子核の安定性を支配している.質量計算には原子核の閉殻構造,形状(変形)の効果が含まれており,特に理論予言として超重核の理論研究で重要である.

　ここで既知原子核の再現性を中心に話をするのは,超重核が既知核の外挿にあたるからである.もちろん既知核を再現しているからといって未知の核種が正しく予測できる保証はない(逆はもっと保証できない).大切なのは既知核種を再現する模型がどのような考えの下に構築されたかである.以下,

(1) 核子-核子散乱から得られた 2 体の核力を用いて有限多体系としての第 1 原理計算を行うことの困難さ

(2) 第 1 原理計算,殻模型計算,平均場計算,微視的巨視的計算の区分

(3) 現在採用されている原子核質量模型計算,そして超重核の構造予測

に焦点を絞って紹介する.内容が原子核理論の原理的な話になっているが,原子物理の理論との比較の点で有益になると思う.

4.1 核力

　陽子・中性子の核子からなる原子核は,核力とクーロン力が記述できれば,ハミルトニアンまたはラグランジアンを設定でき,それを解けばよい,ということになる.しかし実際にはそれほど簡単ではない.

4.1.1 "現実的"核力

1つは核力の多様性である．核力はスピン依存性，アイソスピン依存性，運動量依存性などをもち，複雑な様相を示す．であるのでクーロン力のように一意的な表現で記述することが現在のところ困難である．

実験の観測から核力を導出する場合，核子-核子散乱実験を行い，その状態依存性，エネルギー依存性を調べ，散乱現象としての位相のずれパラメータを得ることで原理的には得られる．しかし実験的には核子のうち中性子については電荷がないので精密実験は難しく（重陽子散乱実験で重陽子が含む中性子の散乱成分を取り出すといった方法は可能），また原子核特有の中心部分の斥力分は中高エネルギー実験に相当し，その中から状態依存性を精密に取り出す必要がある [26]．

それでも1990年代には核力の表式とそのパラメータ定数を実験データから決めた「現実的な核力」が提案された．これは2つの核子間に働く力として記述される核力(ポテンシャル)を4,000程度ある，核子-核子散乱の実験データから求めるというものである．実験データは入射核子エネルギー350 MeV以下のもので，核子-核子散乱の散乱長，位相のずれ，そして重陽子の性質（結合エネルギー2.2 MeVなど）を再現するように最適化して求めたものである．代表的なものとしてアルゴンヌ v18 型核力 [1]，CD Bonn 型核力，ナイメヘン 1.II 型核力などがそれである．座標表示型，運動量表示型などの流儀の違いもあり，例えば斥力芯の硬さや状態依存性の性質に違いが議論としてはあるのだが，おおむねの到達点として受け止められている．

4.1.2 核力としての3体力

もう1つ重要なのが核力としての多体力，特に「3体力」である．3体と言えば天体の軌道における議論でしばしば言及される円制限三体問題とその安定解であるラグランジュ点のようなものを連想されるかもしれない．この天体運動

---

[1] これ以前に v14 型と呼ばれるポテンシャルが提案されている．14は項の数であり，スピン，アイソスピンなどの組み合わせから構成される．のちの荷電対称性を破る項が付加されて合計18項のセットにまとめられた．

での例では，2体では解析的に解けるのだが，3体では解析解がないので数値計算的に解く，という意味である．このような意味では天体系でも電子系でも原子核系でも同様な事例は起こる．核力における3体力とはそれらとは別の意味で，核子が内部構造をもつことを起源として生じる力である．

核力の3体力については定性的には湯川秀樹が1936年に中間子交換による核力（2体力）の モデルを提案した直後から議論は始まっていたが，その具体的な表式は藤田純一と宮沢弘成によるものであり，彼らはパイ中間子・核子散乱を基にして2パイ (2π) 交換型の3体力のモデルを提唱した（1957年）[26]（図4.1）．これは核子が u クォーク，d クォークからなる構成物としての内部構造をもっていることに起因するもので，電子系では（素過程としては）現れない特徴である．これにより，核力では重力やクーロン力のような2体表記の v_{ij} (i, j は対象として考える粒子の番号）の他に，v_{ijk} といったような3体表記などで表す必要がある．その後，改良型としてツーソン・メルボルン (TM) 型，アルバナ IX 型 (UR)，ブラジル型，テキサス型，ルール型などが提案されているが，ここでは割愛する [26].

実際アルゴンヌ型核力（つまり2体核力）を開発したパンダリパンデ (V. Pandharipande, 1940-2006) らは，彼らの核力を用いてシュレディンガー方程式の数

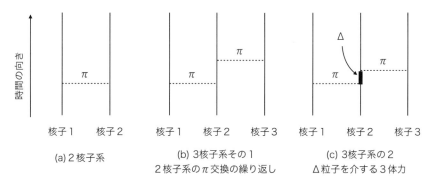

図 **4.1**　藤田-宮沢型3体力のファインマンダイアグラム．図の下から上への時間発展の中で2核子の場合は π 交換のみであるが (a)，3核子系になると π 交換の繰り返し (b) とは別に仮想粒子（ここでは Δ）が生成される過程が現れうる (c). これが3体力に対応している．

値計算解から原子核の結合エネルギーを 8 核子系まで計算した [2]（2000 年）.
その結果は，計算で再現できたと言えるのは ^{4}He のみで，^{7}Li，^{8}Be などでは，
2 体の核力だけでは実験値の結合エネルギーを再現できず，3 体力を導入するこ
とにより結合エネルギーをほぼ再現し，原子核には 3 体力が必要である，とい
う結論を出している．この計算は「原子核の第一原理 (Ab-initio) 計算」と呼ば
れ，現在でも 10 数核子系程度までの計算にとどまっている（図 4.2）[27].

　他の例として，原子核を無限系に拡張し，1 核子あたりの全エネルギーを計
算する「原子核の状態方程式」の研究がある．これは原子核の核物質 (nuclear
matter) としての性質を明らかにする研究であり，例えば星の中性子星の構造
や，超新星爆発，中性子星合体など研究で重要な役割を果たす．このような原
子核の状態方程式の導出においても，例えばアルゴンヌ型の 2 体核力のみを用

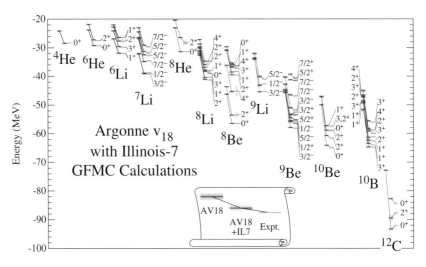

図 **4.2**　アルゴンヌ型 2 体核力 (Argonne v18) および 3 体力 (Illinois-7) を加えた場合の
　　　結合エネルギーの計算と実験値の比較．グリーン関数モンテカルロ計算 (GFMC)
　　　で行っている．2 体のみの場合の計算では常にエネルギーが高いが，3 体力を加
　　　えることにより実験値をよく再現できるまでエネルギーを下げる結果となって
　　　いる．2015 年頃までのデータ．

---

[2] Greens 関数モンテカルロ計算 (GFMC).

いた変分法計算では原子核の基本的な性質を再現できず（原子核の高密度側でエネルギーが下がり過ぎてしまう），やはり 3 体力の導入が不可欠であることがわかっている．逆に 3 体力の導入により，原子核の飽和性などがよく再現でき，対称核物質（陽子と中性子が同じ数の無限系物質）や中性子物質の性質をもよく再現できることが可能となっている．

　なお，このような核力の性質は，核子がクォークで構成している観点から量子色力学 (QCD) で演繹的に導出されることが望ましい．この方面の研究としては 2006 年に格子 QCD 計算で核力を初めて定性的に再現することに成功しており（中心部分の斥力と外部分の引力の再現，また状態依存性などを再現）[28]，今後の発展が期待される．

4.2　原子核の理論計算の分類

4.2.1　原子核の理論計算の外観

　第一原理計算が少数核子系しか現実的な計算は望めないことを述べた．では重い原子核，特に超重核はどのような手法で取り組むべきであろうか．

　図 4.3 は，後で紹介する密度汎関数グループ [29] が作成した原子核理論計算の計算可能領域を示した核図表である．軽い領域に位置する "Ab-initio" は前節で説明したような第一原理計算を示している．

4.2.2　殻模型計算と超重原子核

　図中の次の "Configuration Interaction" は配位混合計算と訳される．原子分子計算の分野では，原子系の多体計算を実施する際，簡単のため独立粒子描像に立ち，電子 1 つ 1 つの状態に応じた単一粒子準位およびその状態を基底として用意して，その反対称したスレーター行列式を計算する．いわゆるハートリー・フォック計算である．このスレーター行列式はシュレディンガー方程式の解としてフェルミ粒子が満たすべきパウリの排他律の（つまり反対称化された）唯一の解ではなく，複数のスレーター行列式の線型結合で表すことができる．こ

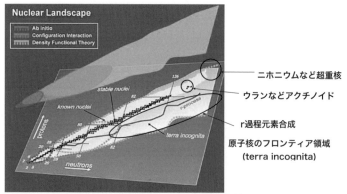

ニホニウムなど超重核

ウランなどアクチノイド

r過程元素合成

原子核のフロンティア領域
(terra incognita)

Ab-initio：2 体の現実的核力から多体のSchrödinger方程式を解く
Configuration Interaction：基底となる単一粒子準位を用意し，その配位混合計算を行う
Density functional Theory：いわゆる密度汎関数法。密度汎関数としてδ関数型（またはガウシアン
型）核力相互作用（密度汎関数）を用いる
Macro-micro model: 原子核を帯電液滴などと模型化し，微視的部分を模型的核力から計算する

図 **4.3**　原子核の理論計算の外観．2010 年頃の知見より．図は密度汎関数研究グループ
　　　　UNIDEF の HP より引用 [29]．

のように計算するのが，Configuration Interaction である．電子系においては
電子間相関を取り入れたことに相当する．

　原子核の系でも類似の考え方であり，一般に陽子・中性子準位のあらゆる配
位混合を，状態の固有値問題を解くこと（行列の対角化）により求める方法を
意味する．「殻模型計算」と呼ばれる．

　実際の方法として，基底は原子核のポテンシャル程度の大きさの調和振動子
をとり，その基底をもとに，模型空間内のすべての配位混合を考慮に入れた計
算する方法である．相互作用は「現実的核力＋有効相互作用理論＋現象論的補
正」をもとに価核子（バレンス）殻での「有効相互作用」を作成し，シュレディ
ンガー方程式の計算を行う．有効相互作用は参照とする原子核の性質を再現す
るようにパラメータが選ばれているので，その意味で原子核の相互作用がすべ
て有効 (effective) に含まれていると主張することができる．模型空間の名称は
原子核の単一粒子準位軌道の軌道名で呼ぶ．陽子または中性子数がそれぞれ 8
まで：「p シェル」，20 まで：「sd シェル」，50 まで：「pf シェル」，などと呼ば

れる（前章図 3.7 を参照）.

　この方法による計算は低エネルギー領域のスペクトルを系統的にかつ精度良く記述し，安定核のみならず，中性子過剰核の核構造の記述など，核構造の研究に大いに貢献していると言える．一方で陽子または中性子数が 50 を超えると新たに g 軌道および h 軌道が，また，82 を超えると新たに i 軌道が現れるので，それに応じた有効相互作用を改めて構築する必要がある．また，計算の行列次元の大きさも問題で，例えば ^{238}U（陽子数 92，中性子数 146）の場合，^{208}Pb（陽子数 82，中性子数 126）＋価核子（バレンス）（言い換えると鉛のコア状態部分を"凍らせて"，陽子数 10，中性子 20 のみが関わるとするバレンス計算をする）としても 6×10^{22} 次元 [3]（600 垓（がい）次元）の行列の対角化が必要である．また，新たに中性子の j 軌道もこのバレンス計算に参加するので，それに応じた有効相互作用も準備しなければならない.

　ただしそれでも，殻模型計算の有用性は理解されていて，超重核実験で得られたスペクトルの結果の考察においても殻模型計算の知見が部分的に利用されている.

4.2.3 密度汎関数法 (density functional theory)

　この図 4.3 で主張しているのは密度汎関数法の有用性で，図の核図表内のすべてをカバーしている．密度汎関数とは電子，核子などの粒子系のエネルギーなどの諸量を電子密度，原子核密度から計算する方法である．原子核で言えば，シュレディンガー方程式では 2 体の現象論核力から，相対論的方程式では中間子場の平均場から求める方法で，計算時間を上述の例と比べて顕著に短くできるので，その包括的系統的計算法として期待されている．この方法では，非相対論では密度依存項をもつ現象論的 2 体核力をハートリー・フォック計算で行う研究や，相対論的平均場理論の研究を密度汎関数と読み直して発展したものである．超重原子核にも計算が適用され，いくつかの計算結果が報告されている．これに関してはこの章で改めて紹介する.

---

[3] 陽子は 82 から次の閉殻数として 126 の 44 状態，中性子は 126〜184 の 58 状態と仮定して，組み合わせ $_{44}C_{10} \times _{58}C_{20}$ 個.

　巨視的-微視的法（macroscopic-microscipic 法）

　これまで，超重原子核の理論計算として主導的役割を果たしていたのは，巨視的-微視的法と呼ばれる方法である．前章で説明したとおり，原子核を帯電液滴とみなし（巨視的部分），同時に原子核内の核子を平均場ポテンシャル内の単一粒子として運動するとして，それぞれについて計算し，結合エネルギーであれば最後に両者の和をとって全エネルギーとする，という方法である．球形帯電液滴の考えはワイツゼッカー・ベーテの半経験的質量公式が約 3 MeV の精度で原子核質量を再現しており，また変形についても核分裂の機構が同じ考えで，かなりの精度で説明できることから広く受け入れられている．また，単一粒子準位にしても，例えば鉛（球形核）やウラン（変形核）を代表とする重い原子核の励起スペクトルや変形の性質が（変形）Woods-Saxon 型ポテンシャルでよく説明できることより，原子核反応計算を中心に広く利用されている．

4.3.1　液滴模型から有限レンジ液滴模型：FRDM 質量公式

　巨視的変形液滴＋殻項という模型の定式はローレンス・バークレーのマイヤース (W.D. Myers)，スフィアテッキ (W.J. Swiateccki) によって開発された．彼らは 1960 年代後半 [3] にこのアイデアを構築した．当初は単一粒子準位として，20, 28, 50, 82, 126（陽子は 114），184（中性子）の魔法数をあらかじめ設定し，それを簡便な方法で束ねる (bunch)，という素朴な方法であった（彼らの関心はむしろ巨視的変形液滴の最適な記述とそれから得られる変形，そして核分裂障壁にある）．その後ロスアラモス国立研究所のニックス (J.R. Nix)，メラー（P. Möller）が発展させ，巨視的変形液滴部分は液滴 (liquid-drop)→ 小液滴 (droplet)→ 有限レンジ液滴 (finite-range liquid-drop)→ 有限レンジ小液滴 (finite-range droplet) と彼らが呼ぶ手法で精密化を行っていった．ここで小液滴 (droplet) は表面の曲率の効果を取り入れることを意味し，また有限レンジ (finite-range) は核力の到達距離を液滴の大きさに比べて無視しないことを指している．具体的には表面に関するエネルギーを求める際に，簡単化された核子

間ポテンシャル（湯川型ポテンシャル）を核子密度で挟んで表面付近の 2 重積分を行っている．単一粒子部分は上記の核子間ポテンシャルを体積積分することで一体場ポテンシャルを作成する，という形で構築している．

上記の手法で開発された一連の質量公式の中でいわゆる FRDM（finite-range droplet model, 1995 年）[30] はこの分野で広く利用されている．この計算では原子核の形状を $\epsilon_{2,4,6}$，または換算して β_2, β_4, β_6 という軸対称・反転対称の形状とし，その変形パラメータ空間におけるエネルギー最小値がその原子核の基底状態エネルギーであり，そのパラメータが原子核形状である，として計算する．必要と思われた核種に対しては ϵ_3 または β_3 の非軸対称形状も調べている．

計算範囲は実験データの存在しない幅広い核種領域の予測も含まれているので中性子過剰核における星の元素合成（速中性子捕獲過程，r 過程）や，超重核性質の理論予測としても多くの情報を提供している．特に彼らは，軽い原子核よりも質量数 A が大きくなると，実験値質量に対する誤差が減る（と期待している）と論文で言及しているように [30]，重核・超重核の性質を重視している．実際巨視的変形液滴の精密化は核分裂の性質にいくつかの示唆を与えている．

その後さらに改良を加え，原子核の変形パラメータを 5 つに増やした，5 次元空間のポテンシャル計算を行っている．5 つとは全体の伸び Q_2，非対称度 α，ネックパラメータ d，2 分裂片それぞれの変形度 ϵ_1, ϵ_2 である．改良された質量公式 FRDM（2016 年）[31] は，基底状態の原子核質量を再現するだけでなく，核分裂における対称，非対称分裂についても詳細な理論予測を与え，この方面の指針として利用されている．

4.3.2　大局的エネルギー＋球形基底法：KTUY 質量公式

筆者のグループでは，実験質量値の再現性と未知核種への予測の適用を重視し，実験質量値が示す大局的な系統性を重視しつつ，微視的部分を一体平均場ポテンシャルを用いて計算をする方法により研究を進めている．われわれはこの手法を著者達の頭文字から小浦-橘-宇野-山田 (KTUY) 質量公式と呼んでいる [32]．これは巨視的微視的模型の 1 つであり，原子核の大局的様相を示す部分を，陽子数，中性子数，質量数の滑らかな関数として表し，残りの殻エネ

ギーと呼ばれる部分をある程度微視的な立場から求めたものである．原子核の
殻エネルギーを計算するために，われわれは球形単一粒子準位の実験値をよく
再現するような平均場ポテンシャルを導入している [33]（図 3.9 で用いたもの）．
動径関数としてよく使われるウッズ・サクソン (Woods-Saxon) 型に，表面付近
の改良を施したもので，単一粒子波動関数が比較的表面付近にとどまる傾向を
与えるのがその主な特徴である．これを ^{4}He から ^{132}Sn，^{208}Pb までの 15 個の
魔法数核種の単一粒子準位について決定した．このポテンシャルは球形原子核
に対するものであるが，Z, N, A の関数となっており，任意の原子核に対して
適用可能である．変形によるエネルギー計算の手法の詳細は文献 [34] にゆずる
が，原子核の仮想的な形状を仮定し，その形状を定めるごとに，配位の変化お
よび変形液滴エネルギーの変化を考慮した計算を行う巨視的-微視的計算の考え
方で行う．変形自由度は $\alpha_2, \alpha_4, \alpha_6$（$\beta_2, \beta_4, \beta_6$ と同等）の軸対称反転対称形状
としている．

4.4　密度汎関数法（energy density functional 法）

　原子核を微視的立場から記述することは原子核理論の立場において当然目指
すべき方向である．非相対論的な立場（核子の振る舞いをシュレディンガー方
程式で解く）では 2 体（3 体も含む意味で）の核力から求めるアプローチ，相
対論的な立場（核子の振る舞いをディラック方程式で解く）では核力を中間子
場（クライン・ゴルドン方程式に従う）から求めるアプローチからなされてい
る．この 2 つは当初の模型構築の後，当初あまり認識されていなかった密度汎
関数法の 1 つであると認識され，現在はその枠内で議論されている．この 2 つ
の方法について簡単に紹介する．

4.4.1　スキルム力と密度汎関数法

　核力は近距離で非常に強い斥力をもち，ハートリー・フォック計算での（少
数でない）多体計算において現実的核力を使うことはできない．そこで適当な

処理を施して有効相互作用としてから使用するわけであるが、この有効相互作用の到達距離が有限であると、多くの核種に対して計算することは非常に困難になる。スキルム (Skyrme) 力はこの困難を避けるように考案された $\delta(\boldsymbol{r})$ 関数型のポテンシャルである。この $\delta(\boldsymbol{r})$ 関数のおかげで計算時間が（強い斥力をもつ核力の場合に比べて）格段に短くなる。

　自由空間（波動関数は平面波）での 2 核子の散乱問題を現実的核力の範囲で解いたとして、その結果を有限な大きさの原子核内に適用させる場合、他の核子による平均ポテンシャルの中での散乱が起きることや、衝突過程において常にパウリ原理が満たされることを考慮しなければならない。これらのいわば“媒質効果”を取り入れた手法がブルックナーの G 行列と呼ばれる方法である。G 行列には核内の核子の状態にも依存し、近似をして求める必要があるが、例えば核の各点 $\boldsymbol{r}$ で密度 $\rho(\boldsymbol{r})$ をもったフェルミ気体で近似すると簡単になる。そのとき G 行列が $\rho(\boldsymbol{r})$ の関数になる [35]。これから有効相互作用が得られるが、これも密度依存となる。

　そのようにして得られた、$\delta(\boldsymbol{r})$ 関数型の相互作用をスキルム (Skyrme) 相互作用と呼び、以下のような形をとる。

$$
\begin{aligned}
v_{ij} =\ & t_0(1+x_0 P_\sigma)\delta(\boldsymbol{r}_{ij}) + t_1(1+x_1 P_\sigma)\frac{1}{2\hbar^2}\{p_{ij}^2\delta(\boldsymbol{r}_{ij}) + h.c.)\} \\
& + t_2(1+x_2 P_\sigma)\frac{1}{\hbar^2}\boldsymbol{p}_{ij}\cdot\delta(\boldsymbol{r}_{ij})\boldsymbol{p}_{ij} + \frac{1}{6}t_3(1+x_3 P_\sigma)\rho^\gamma\delta(\boldsymbol{r}_{ij}) \\
& + \frac{i}{\hbar^2}W_0(\boldsymbol{\sigma}_i + \boldsymbol{\sigma}_j)\cdot\boldsymbol{p}_{ij}\times\delta(\boldsymbol{r}_{ij})\boldsymbol{p}_{ij}.
\end{aligned}
\tag{4.1}
$$

ここで P_σ は 2 体のスピン交換演算子である。t_{0-3}, x_{0-3}, W_0 はパラメータである。δ 関数が入っていることで $\boldsymbol{r}_{ij}$ が 0、つまり核子間の相対距離が 0 のときに無限大になる、ゼロレンジの相互作用であることがわかる。これは後の空間積分を想定しているので簡単に落とせ、計算が格段に楽になる。また、ρ^γ は密度 ρ のべきとなっており、これが密度依存項となる。

　「有効核力が密度に依存する」という結果、核の飽和性と矛盾せず、かつ 1 粒子軌道に関する変分計算が可能になり、ある種の繰り込み効果を与え、原子核の様々な物理量を表現することに成功している。さらにエネルギー密度汎関

数 $E[\rho]$ から出発して，これを最小にする密度の表現 ρ を求めるという問題と同等であるので，これを用いた計算を原子核の分野でも密度汎関数法と呼んでいる [36]．

なお，δ 関数ではない，つまり有限レンジの相互作用も提案されている．ゴグニー (Gogny) 相互作用とは核力の有限レンジをガウス関数で表し，

$$
\begin{aligned}
V(1,2) = &\sum_{j=1,2} \exp\left[-\frac{(\boldsymbol{r}_1 - \boldsymbol{r}_2)^2}{\mu_j^2}\right] (W_j + B_j P_\sigma - H_j P_\tau - M_j P_\sigma P_\tau) \\
&+ t_0(1 + x_1 P_\sigma)\delta(\boldsymbol{r}_1 - \boldsymbol{r}_2)\left[\rho\left(\frac{\boldsymbol{r}_1 + \boldsymbol{r}_2}{2}\right)\right]^\alpha \\
&+ iW_{\mathrm{LS}} \overleftarrow{\nabla}_{12}\delta(\boldsymbol{r}_1 - \boldsymbol{r}_2) \times \overrightarrow{\nabla}_{12} \cdot (\vec{\sigma}_1 + \vec{\sigma}_2),
\end{aligned} \tag{4.2}
$$

と書かれる [38]．P_τ は 2 体のアイソスピン交換演算子である．他はスキルム力と類似である．密度依存項も ρ^α として含まれている．最後の項の ∇ の上の矢印はその向きの演算（積）を先にすることを意味する．その他説明は省略する．

4.4.2   スキルム・ハートリー・フォックの原子質量計算

スキルム・ハートリー・フォック計算は原子核に関する多くの物理量を計算することができる．その方面の研究は原子核理論の分野で広く活発に進められているが，ここでは原子質量計算，特に超重核への適用との関連で紹介する．

スキルム・ハートリー・フォック計算で原子質量を再現し，外挿に利用するという研究はピアソン (M. Pearson) によって進められ，ゴリエリ (S. Goriely) によって発展された．1990 年代の段階では，ハートリー・フォック計算だけで，すべての原子核の基底状態質量計算をするのは困難で，ETFSI(Extended Thomas-Fermi plus Strutinsky Integral) と呼ばれる計算を行っていた．エネルギーは大局的部分と殻エネルギー部分に別れ，それぞれがスキルム力から計算される．大局的部分はハートリー・フォックエネルギー部分のうち核子密度だけで記述できる部分で，その近似を ETF 近似と呼んでいる．また，殻エネルギー部分，ハートリー・フォックエネルギーの，ETF 近似のために抜けてしまった部分を，ある近似とストラティンスキー (Strutinsky) 法を修正したものを併せて用いることによって計算するものである．ストラティンスキー法とは単一粒

子準位から殻エネルギーを取り出す手法で，単一粒子準位に下から核子を積み足したエネルギーの和から，ある種の巨視的な平均部分を引き去り，残ったエネルギーをその原子核の殻エネルギーとする，という方法である．これは球形準位でも変形準位でも殻エネルギーを引き出せるので，巨視的微視的模型で広く用いられている．

その後，核子の多体的対相関を取り入れたスキルム・ハートリー・フォックBCS公式，そして準粒子の扱いを取り入れたスキルム・ハートリー・フォック・ボゴリューボフ (Bogoliubov) 公式に発展させた．また，ゴグニー力によるゴグニー・ハートリー・フォック公式も発表している．

4.4.3 相対論的平均場理論，または共変密度汎関数法

相対論的平均場理論 (relativistic mean-field theory) と呼ばれている方法は，核子をディラック方程式によって扱い，核子間相互作用 σ, ρ, ω などの中間子場 [4] を通して行わせる理論計算法である．中間子場はクライン・ゴルドン方程式に従う．核子は（時間）平均的な中間子場から力を受け，また中間子場の源は（時間）平均的な核子密度であると近似する．そして平均核子密度と平均中間子場を自己無撞着 (self-consistent) になるように求める．これも密度汎関数理論の一種であるとみなし，最近では共変密度汎関数理論 (covariant density functional theory) と呼ぶようになった．

この理論計算では核力に関わる中間子場をラグランジアンの形であらかじめ用意する必要がある．その際に σ, ρ, ω などといった中間子の結合定数をどのように決めるかなど，少数体の系との関連があまり明確でないという課題がある．しかしこの模型で原子（核）質量を系統的に計算することが可能である．その精度は他の方法のものには及んでいないが [37]，超重核の単一粒子準位計算で新たな知見を示すなど（前章の図 3.11）[22]，いくつか興味深い結果を示している．

---

[4] 強い相互作用をする整数スピンの素粒子を中間子と呼ぶ．それらは半整数スピンの素粒子（陽子，中性子を含む）の間の力を媒介するので電磁場と似た概念を用いて，中間子場として考えられることが多い．最初に発見された中間子は湯川により予言された π 中間子であるが，その後，多くの中間子が見つけられた．

4.5　原子質量計算, 超重核への適用

4.5.1　質量予測の精度

ここまで紹介した模型計算が原子核の実験値質量に対してどれだけの再現性をもつのか表 4.1 にまとめた. 平均 2 乗 (root-mean-square) 偏差は核種の個数を N として

$$\text{RMS 偏差} = \sqrt{\frac{\sum_i^N (M_{\text{exp}i} - M_{\text{cal}i})^2}{N}} \tag{4.3}$$

である[5]. 表 4.1 を見ると, 巨視的-微視的計算, 大局的-殻補正, スキルム・ハートリー・フォック（ゴグニーを含む）が, おおむね $500 \sim 800\,\text{keV}$ の範囲の偏差になっていることがわかる. WB 公式の偏差が $3100\,\text{keV}$ であることと比較すると, かなり実験値を再現していることがわかる. このような再現性を出すには球形液滴的な大局的様相（体積項, 表面項, 対称項, クーロン項, 平均的偶奇項）に加えて, 既知核の閉核構造の再現性, 球形と変形の適切な記述が必要であり, これらの質量公式には, これらがある程度適切に取り込まれていると言える.

相対論的平均場（共変密度汎関数）はまだ $2000\,\text{keV}$ 以上と偏差が大きく, 原子（核）質量計算としてはまだ改良が必要のように思われる. 閉殻の位置や変形の出現は再現できているようであるが, 殻エネルギーの値が実験値に対してまだ大きく出る核種領域があるようである.

4.5.2　質量差差分からみた超重核領域の閉殻予測

これらの質量模型が超重核領域でどのような閉殻構造を示すのか, 質量値の系統性から見てみよう. ここでは α 崩壊 Q 値を取り上げる[6]. α 崩壊 Q 値は

$$Q_\alpha = M(Z, N) - M(Z - 2, N - 2) - M(2, 2) \tag{4.4}$$

---

[5] N としてモデルに含まれるパラメータの個数が n であれば分母は $N - n$ とする解析もあるが, ここでは簡単に本記のとおりとする.

[6] α 崩壊自体は次章で触れるが, ここでは単なる質量値の差分を見る程度で捉えてよい.

表 4.1 各質量公式における平均2乗誤差：巨視的 − 微視的，大局的 + 殻補正，ETFSI，ハートリー・フォック + BCS(HFBCS)，ハートリー・フォック + ボゴリューボフ (HFB)，BCS(HFBCS)，Duflo-Zuker model.〜型とあるのは用いた相互作用の名称．比較する実験データは AME88 [39]，AME93 [40]，AME95 [41]，AME01，AME03 [42]，AME12 [43].

手法	模型名 (年)	RMS 偏差 (keV)	比較実験 質量データ	核種の数
巨視的-微視的	FRDM (1995) [30]	669	AME95	1654 $(Z, N \geq 8)$
	FRDM (2016) [31]	560	AME03	2169 $(Z, N \geq 8)$
大局的 + 殻補正	KUTY (2000) [34]	680	AME95	1835 $(Z, N \geq 2)$
（球形基底法）		(657)		- $(Z, N \geq 8)$
	KTUY (2005) [32]	667	AME03	2219 $(Z, N \geq 2)$
		(652)		2149 $(Z, N \geq 8)$
Duflo-Zuker	DZ28 (1995) [44]	375	AME93	1751 $(Z, N \geq 8)$
ETFSI (SkSC4 型)	ETFSI-1 (1992) [45]	730	AME88	1492 $(A \geq 36)$
Skryme-HFBCS (MSk7 型)	HFBCS-1 (2001) [46, 47]	738	AME95	1888 $(Z, N \geq 8)$
Skryme-HFB	HFB-1 (2002) [48]	764	AME95	1888 $(Z, N \geq 8)$
(BSk1-32 型)	HFB-2 (2002) [49]	674	AME01	2135 $(Z, N \geq 8)$
	HFB-4 (2003) [50]	680	AME01	2135 $(Z, N \geq 8)$
	HFB-8 (2004) [51]	635	AME03	2149 $(Z, N \geq 8)$
	HFB-14 (2007) [52]	729	AME03	2149 $(Z, N \geq 8)$
	HFB-17 (2009) [53]	581	AME03	2149 $(Z, N \geq 8)$
	HFB-21 (2010) [54]	577	AME03	2149 $(Z, N \geq 8)$
	HFB-27 (2013) [55]	564	AME12	2353 $(Z, N \geq 8)$
	HFB-32 (2016) [56]	576	AME12	2353 $(Z, N \geq 8)$
Gogny-HFB (D1M 型)	GHFB-1 (2009) [38]	798	AME03	2149
相対論的平均場 (NL3 型)	RMF+BCS (1999) [57]	2800	AME95	1315 $(10 \geq Z \geq 98)$ （偶偶核）
相対論的平均場 (TMA 型)	RMF+BCS (2005) [37]	2100	AME03	2149 $(Z, N \geq 8)$
共変密度汎関数	RCHB (2018) [58]	7960	AME12	2284

と定義される量である．$M(2,2)$ は ^{4}He 原子の質量であり，その質量超過は表 3.1 より 2.425 MeV である（原子質量で 3728.216 MeV，結合エネルギーで 28.292 MeV）．この値が正の原子核は α 崩壊をしうる．この量は $N-Z=$ 一定の線上で見た原子質量の差分，つまり傾き（$M(2,2)$ 分だけ底上げされているが）

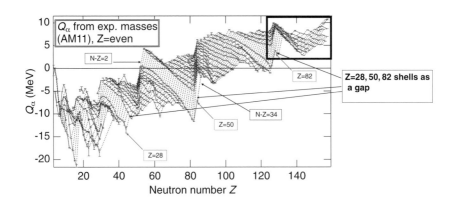

図 4.4　実験質量値から得られた Q_α のシステマティクス [59]. $Z =$ 偶数のみ. 実線は
　　　　陽子数 Z が同じ原子核同士を結んだもの. 破線は $N - Z$ 一定の原子核同士を結
　　　　んだもの. 実際の Q_α 崩壊は $N - Z$ の線を Z が減る方向に崩壊していく. 実
　　　　験データは AME(Atomic Mass Evaluation) の 2011 年版を用いた. 質量の測
　　　　定値の誤差棒も表記している. 右上の四角枠は次の図 4.5 で説明.

を示している. この量を実験で得られた質量値でプロットしたのが図 4.4 であ
る. このような図から原子核の閉殻の情報が現れる. $Z = 28$ と 30, $Z = 50$ と
52, $Z = 82$ と 84 の線の間が急に広がっている. これらはそれぞれ陽子数 28,
50, 82 の閉殻を表している. 一方中性子の数（横軸）を見てみると, $Z = $ 一定
の線が, $N = 50, 82, 126$ で極少になり, 次の中性子数で急に値が跳ね上がって
いる. これらは中性子数 50, 82, 126 の閉殻を表している. Q_α 値が大きいと α
崩壊半減期は短くなるのでこの図から核図表上で α 崩壊が起こりやすい領域が
議論できる（次章で触れる）.

　軽い領域での Q_α は負である. これは原子核から α 粒子を取り出すのにエネ
ルギーが必要であることを意味する. また,（$Z = 28$ あたり以下）では $Z = $ 一
定の線は乱れているように見えるが, これはこの領域での複雑な核構造の現れ
であろう. 一方 $Z = 50$ 付近を超えると Q 値が正値となり始め, また $Z = $ 一定
の線は穏やかな系統性を示している.

　この要領で超重核の閉殻構造を理論計算をもとに見てしてみよう.

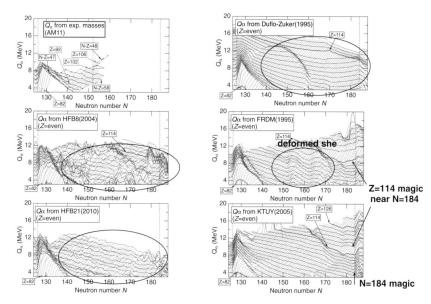

図 **4.5**　Q_α のシステマティクス．描き方は前の図 4.4 と同様．実験値およびいくつかの
質量模型からの値を載せた．実験値は前図 4.4 の四角枠部分に相当．質量模型は
HFB8 [51]，HFB21 [54]，Duflo-Zuker [44]，FRDM1995 [30]，KTUY2005 [32]
を選んだ．

　図 4.5 は前図 4.4 四角枠部分および，いくつかの質量模型による Q_α のシス
テマティクスである．

　まず実験値の示す $Z = 82$ と 84 間のギャップが現れていなければならない
が，どのモデルもそれなりに再現している．次に左の 2 つの Skyrme-HFB 計算
を見てみよう (HFB8, HFB21)．この 2 つは手法としては同じであるが，その
結果は相当異なっている．このことは Skyrme 型の計算では，用いる有効相互
作用（対相関などの扱いも含む）が異なると，結果に大きく違いが生じるとい
うことを意味している．この例では HFB8 には物理的意味（由来）が不明なガ
タガタが生じている．一方の HFB21 は比較的滑らかな $Z =$ 一定線を示してい
るが，それでも右の FRDM，KTUY に比べるとゆらぎが大きい．$Z = 82$ の次
の魔法数は $Z =$ 一定線間のギャップで見られ，それが超重核の魔法数となるは

ずだが，この 2 つの計算ではそのようなギャップが見受けられない．

　図右上の Duflo-Zuker は原子質量の再現性で顕著に値が小さかった模型である．この模型は 2 重閉殻をあらかじめ用意し，球形から変形に遷移する領域を実験を再現するようにパラメータを調整して構築された模型である．パラメータの数も少なく，既知原子核の質量をよく再現する模型の代表として受け止められている．この模型の示す超重核は $Z = $ 一定の線で見ると（模型の構築から予想されることだが）ある種の幾何学的な傾向を示している．そしてわずかに $Z = 112$（114 ではなく）のギャップが認められる．

　図右中は FRDM である．まず認められるのは $Z = 114$ のギャップである．一方中性子数も閉殻性はあまり強く示しておらず，$N = 184$ に弱いながら認められる程度である．FRDM で注目する 1 つは丸で囲った領域における閉殻の傾向である．およそ中性子で $N = 152, 162$ でのやや急な立ち上がり，そして $Z = 108$ 付近のギャップである．この領域は原子核合成実験が行われており，^{270}Hs$(Z = 108, N = 162)$ が 2 重閉殻ではないかと指摘されいている．理論計算の立場からはこれは球形核では実現しない，変形による（ニルソン軌道の描像での）2 重閉殻であると考えられる（すぐ後で議論する）．

　図右下は KTUY である．この計算では Q_α の線は，おおむね滑らかな傾向をもっている．KTUY は球形基底の方法で計算されている．であるので変形原子核はその基底の重ね方によって定まるが，その意味で FRDM で指摘した"変形閉殻領域"では FRDM のような表現と異なっているのかもしれない．

　KTUY では閉殻は陽子数では $Z = 114$ に，そして $Z = 126$ にもギャップとして現れている．中性子数については $N = 184$ に明確な $Z = $ 一定線の立ち上がりがあり，この模型計算では $N = 184$ が超重核の閉殻である．まとめると ^{298}Fl(Z=114) および ^{310}[126] が超重核の 2 重閉殻魔法核である．

　このように，理論模型計算に違いで大きいばらつきが見られる．1 つは「外挿であるから」というのもその理由であろう．それに加えてもう 1 つ「この領域が核分裂の起こりやすい領域」という点も指摘しておきたい．特に微視的計算に見られる傾向であるが，微視的計算ではある拘束条件を与えて，その条件下での波動関数（or 密度）を自己無撞着に解く．その際に原子核の形状に対し

て解が不安定になる，という傾向がある．そのため基底状態（数学的にエネルギーが低い状態は核分裂した原子核である，となってしまうため）が求めづらくなる．このことは核分裂障壁計算で顕著になる．巨視的微視的計算ではその問題がある程度回避できている．

4.5.3 実験 Q 値と理論 Q 値との比較～Z=108, N=162 閉殻の出現～

実験で測定された Q 値は基底状態-基底状態とは限らず，各原子核の励起状態を通過している可能性がある．その意味で基底状態質量と結びつけられるのは偶偶核で素性がわかっているものに限られ，奇質量数核や奇奇核はの α 崩壊 Q 値は核構造と比較しながら慎重に議論する必要がある．それでも閉殻の出現など重要な発見があるので 1 つ紹介する．

それは FRDM のところで触れたとおり，$Z = 108, N = 162$ のギャップである．図 4.6 は実験値の質量および実験値の Q 値をプロットしたものである．そこには Hs (Z=108) と Ds (Z=110) の間が，その前後に比べて大きく広がっており，また，Z= 一定線が N=162 を横切るときに急な立ち上がりが見られる．こ

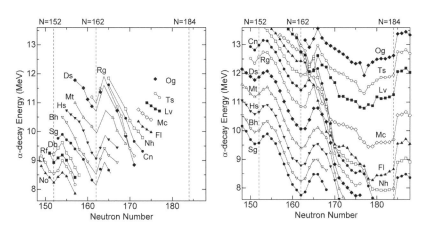

図 **4.6** Q_α のシステマティクス．左：超重核領域の α 崩壊崩壊 Q 値の実験値（実験質量値から求めたものと，Q 値の直接測定から求めたもの．後者は質量値の絶対値がわかっているわけではない）右：超重核領域の α 崩壊エネルギーの理論計算値の一例．FRDM [30] は図 4.5 を拡大したものに相当．図は文献 [60] から引用．

れらは $Z = 106$, $N = 162$ が閉殻であることを表している．この機構はニルソン模型的な描像で理解される性質で，それによるとニルソン軌道が変形で縮退が解けた「変形閉殻」であると理解されている．右図は同じ縮尺で FRDM の計算結果を示しているが，FRDM ではこの $Z = 108$, $N = 162$ がよく現れている．

　ただし，FRDM では Ds と Cn(Z=112) の間も同程度の間隔があるようにも見え，不明な点もある．このあたりはもっと実験が進むことにより明らかになっていくであろう．

第5章

原子核崩壊と原子核の安定性
～超重核の安定の島～

　この章では原子核の崩壊と原子核の安定性について述べる．比較的軽い原子核では β 崩壊が主要な崩壊様式であるが，重い原子核では α 崩壊，自発核分裂が混在する．これは陽子間のクーロン斥力が大きくなるが主因である．その結果，原子核は不安定になり，超重核の半減期が短い理由にもなる．一方で超重核には長寿命の原子核の存在が予想されている．その理由は原子核が感じる核分裂障壁が超重核領域で回復するからである．崩壊様式の各論と関連した最近の研究を紹介するとともに「超重核の安定の島」の存在について解説したい．

　原子核崩壊について，質量差からくる Q 値については，すでに第 3, 4 章で簡単に触れている．ここでは

(1) 崩壊概論

(2) α 崩壊

(3) β 崩壊

(4) (自発) 核分裂

(5) 超重核の安定の島

について述べる．

　本書の構成上，γ 崩壊については触れないが，γ 崩壊を調べることにより励起準位がわかり，そこから原子核の構造の情報を引き出すことができる．このような γ 線分光が原子核の構造研究に重要な役割をしていることを付記しておく．

5.1   原子核崩壊

崩壊の基本事項

原子核崩壊 (nuclear decay) は放射線を出して別の原子核に変わる現象である．原子核がなくなるわけではないので壊変と呼ばれることもある．また，同じ原子核で励起状態から低い励起状態または基底状態に移り（遷移），γ 線を出す．これも崩壊の 1 つである．

原子核崩壊における最も基本的な性質は「ある時間内に崩壊する確率は過去の履歴に関係なく一定」であることである．このことから，ある微少時間 dt 内に崩壊する確率を λdt と書くことができる．この λ を崩壊定数 (decay constant) と呼ぶ．これにより，時刻 t において $N(t)$ 個の多数の原子核があるとした関係式は

$$\frac{dN(t)}{dt} = -\lambda N(t) \tag{5.1}$$

と書ける（崩壊の方程式）．これから初期の時刻の個数を $N(0)$ として

$$N(t) = N(0)e^{-\lambda t} \tag{5.2}$$

が得られる．この崩壊の平均寿命 (mean time) T_{m} は

$$T_{\mathrm{m}} = \frac{\int_{t=0}^{\infty} t \times (-dN)}{\int_{t=0}^{t=\infty} (-dN)} = \frac{N(0)/\lambda}{N(0)} = \frac{1}{\lambda} \tag{5.3}$$

であり，個数は半分になる時間，つまり半減期 (half-life)$T_{1/2}$ は $N(T_{1/2}) = \frac{1}{2}N(0)$ から

$$T_{1/2} = \frac{\log_e 2}{\lambda} \approx \frac{0.693}{\lambda} = 0.693 T_{\mathrm{m}} \tag{5.4}$$

となる．

原子核の崩壊の頻度はポアソン分布に従う．したがって，崩壊する個々の原子核の崩壊時間の頻度は，平均寿命から見て短い時間に裾野を引くような分布

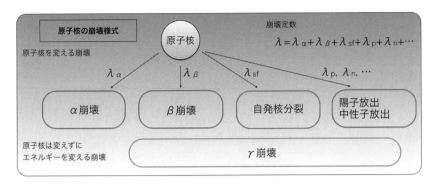

図 **5.1** 原子核の崩壊様式の概念図.

となる.

　原子核は α 崩壊，β 崩壊，自発核分裂，陽子放出，中性子放出といった崩壊をする（図 5.1）．原子核の崩壊は独立事象なので，それぞれの崩壊の崩壊定数を部分崩壊定数 (partial decay constant) と呼び，これぞれ λ_a，λ_b，λ_c とすると

$$\lambda = \sum_i \lambda_i = \lambda_a + \lambda_b + \lambda_c + \cdots, \tag{5.5}$$

または部分半減期 (partial half-life)$T_{1/2a}$，$T_{1/2b}$，$T_{1/2c}$ を用いて

$$T_{1/2} = \sum_i \frac{1}{T_{1/2i}} = \frac{1}{T_{1/2a}} + \frac{1}{T_{1/2b}} + \frac{1}{T_{1/2c}} + \cdots \tag{5.6}$$

と和として書ける．核崩壊の崩壊分岐比 (branching ratio)br は 100%表記で

$$br_i = \frac{\lambda_i}{\lambda} \times 100 = \frac{T_{1/2}}{T_i} \times 100 \tag{5.7}$$

で表す.

　理論計算の立場からすれば，それぞれの崩壊定数を独立に核崩壊理論に基づいて計算し，最後に和をとることで全崩壊定数，ならびに全半減期を計算してよいことを意味する.

　測定の立場からすれば，ある原子核において複数の崩壊様式が混在した場合，平均寿命（個々の測定崩壊時間の平均）はあくまで全平均寿命であり，異なる

崩壊事象の「個数」の比が崩壊分岐比になる．この分岐比から部分崩壊定数や部分半減期が求まる．

<table>
<tr><td>5.2</td><td></td></tr>
</table>

5.2 原子核の崩壊様式の核図表上の様子

5.2.1 核図表での原子核の崩壊の様子

　ある原子核がどのような原子核崩壊をするかは核図表上の位置で，おおむねの傾向がある．図 5.2 に，実験から得られた各原子核の主要な崩壊様式を核図表上に示したものである．「主要」とは，複数の崩壊様式が混在したとき，崩壊分岐比が一番大きい様式を 1 つ選んだことを意味する．

　図からまずわかることは，陽子の数が 50，または中性子の数が 82 より軽い原子核では，ほとんどが β 崩壊であるということである．β 崩壊は 2 種類に区分され，安定原子核より中性子が多い原子核は β^- 崩壊，安定原子核より中性子が少ない原子核は β^+ 崩壊もしくは電子捕獲 (EC) をする．

　次に，中性子の数が 82 より多くなると，α 崩壊が閉殻数 $N = 82$，$Z = 82$，

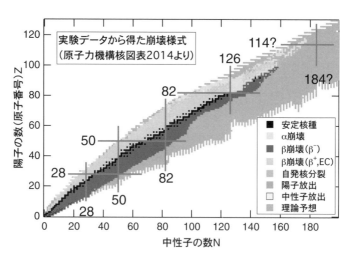

図 5.2　実験的に測定された主要な崩壊様式の核図表上の分布（口絵 7 参照）.

$N = 126$ の閉殻より少し多い領域を沿うように増えていくことである．そして自発核分裂が主要になる原子核が，陽子の数が 96 を超えたあたりから（まばらではあるが）出現し始めている．

5.2.2 β 崩壊の外観

原子核は陽子同士のクーロン斥力を考慮しない限り[1]，β 崩壊が原子核の安定性を支配する．β 崩壊は弱い相互作用で起こる事象であり，質量数 A 一定の下で，

- β^- 崩壊：中性子 → 陽子+電子+反電子ニュートリノ
- β^+ 崩壊：陽子 → 中性子+陽電子+電子ニュートリノ
- 電子捕獲：電子+陽子 → 中性子+電子ニュートリノ

といった崩壊が起こる．それを司どるのは原子の質量である．ある原子の質量を $M(Z, N)$) としたとき，以下の質量に関する条件，つまり崩壊 Q 値が正のときにそれぞれの崩壊が起こる．

$$\beta^-崩壊：Q_{\beta-} = M(Z, N) - M(Z+1, N-1) > 0 \tag{5.8}$$

$$\beta^+崩壊：Q_{\beta+} = M(Z, N) - M(Z-1, N+1) - 2m_e > 0 \tag{5.9}$$

$$電子捕獲：Q_{\mathrm{EC}} = M(Z, N) - M(Z-1, N+1) > 0. \tag{5.10}$$

後で示すが，β 崩壊を起こすハミルトニアンには 1 つの記述で β^-，β^+，すべてが含まれている．そのうち，上の質量条件（エネルギー条件）を満たす崩壊のみを起こす．裸の状態では中性子が陽子と電子と反電子ニュートリノに変わる

$$n \to p + e + \bar{\nu} \tag{5.11}$$

のみが起こり，その逆の反応は起こらない．これは質量差が正の反応のみでしか起こらないからであって，原子核の内部であれば陽子からから中性子への反応が起こりうる．そのような崩壊を起こす核種は，核図表上で言えば，安定核

---
[1] ごく軽い核，陽子ドリップ核，中性子ドリップ核は除く．

種より陽子過剰核側の核種であり，その起因となるのは質量公式でいうところの $(N-Z)^2/A$ の対称項の効果である.

5.2.3　α 崩壊の外観

　原子番号が大きくなると α 崩壊を起こすようになる．これは原子核の質量が，おおむね $Z(Z-1)/A^{1/3}$ で大きくなり（結合エネルギーが小さくなり），α 粒子を放出したほうが全体の質量を下げることができるからである．その条件は以下の質量に関する条件，つまり崩壊 Q 値が正のときに崩壊が起こる．前章で説明したとおり，

$$\alpha崩壊：Q_\alpha = M(Z,N) - M(Z-2,N-2) - M(2,2) > 0 \qquad (5.12)$$

である（$M(2,2)$ は $^4\mathrm{He}$ 原子の質量）．α 崩壊は弱い相互作用で起こる β 崩壊に比べて，Q 値に対する半減期の感度が極めて強い．なので（相対的な意味で）穏やかに変化する β 崩壊部分半減期に対して急激に変化する α 崩壊が "えぐる" ように介入するように見える．これが $N=82$ や $N=126$ の少し大きい側で α 崩壊が現れている説明となる.

5.2.4　自発核分裂

　自発核分裂は原子核が 2 成分以上に壊れる現象である．α 崩壊も一種の核分裂として扱う場合もあるが，α 崩壊がかなり精度よくわかっていることもあり，普通は別々に扱う．核分裂で分裂した原子核を核分裂片 (fission fragment) と呼ぶが，大抵の場合質量数の小さい原子核と大きい原子核に分裂する．このような分裂を非対称核分裂と呼ぶ．一方で対称に，つまり質量数が同じ分裂片になる場合は極めて少ない．第 3 章で述べたように fissility Z^2/A が 49 付近で核分裂障壁がおおよそ 0 になる．これより内側の核図表の領域の原子核は，核分裂障壁を感じつつも，量子力学的なトンネル透過で核分裂しうる．それが原子番号 96 付近以上での出現となっている.

　なお，$^{235}\mathrm{U}$ に代表されるアクチノイド $(Z=89-103)$ は核分裂と関連して連想することが一般的かもしれない．しかしそれは中性子照射で核分裂を誘起さ

せていることを指しており，自発核分裂ではない．実際 ^{235}U も ^{238}U も α崩壊核種である．しかし少々のエネルギーを与えれば核分裂を起こすことは確かである．これらの原子核は陽子同士のクーロン斥力により，緩く束縛している．

5.2.5 超重核領域の崩壊様式
超重核領域では β崩壊（位置的に $β^+$ または EC）はほとんど見られず，α崩壊または自発核分裂が多く見られることがわかる．この領域では原子核がかなり緩く束縛しており，その不安定さが核図表上の崩壊様式の分布に現れている．
　実験的にはこれ以上の観測はないので実験的進展に期待しつつ，理論計算での外挿の予測を後ほど試みる．その前に各崩壊様式について概説していく．

5.3　α崩壊

5.3.1 α崩壊の概要
α崩壊は原子核から ^{4}He 原子核を放出する崩壊である．^{4}He 原子核はラザフォードがウラン試料から出てくる放射線に仮名として名付けた α線，β線，γ線のうち，α線の正体であり（1898年），習慣として現在も使われている．
　α崩壊の Q 値は，初めの原子の質量 M_i から終わりの原子の質量 M_f と ^{4}He 原子の質量 $M_{^4\text{He}}$ を引いたものをエネルギー単位で表して定義される．

$$Q_\alpha = (M_i - M_f - M_{^4\text{He}})c^2. \tag{5.13}$$

この Q_α が反応後の全エネルギーとして，α粒子の運動エネルギー E_α と終わりの原子またはイオンの反跳エネルギー E_r に費やされる（初めの核は静止していたとする）．

$$Q_\alpha = (E_\alpha + E_r)：エネルギー保存 \tag{5.14}$$

崩壊に際しては運動量が保存されるから，α粒子と終わりの原子またはイオンは正反対の方向に等しい大きさの運動量をもって飛ぶ．これらの運動は非相対論的に扱ってもよいから，α粒子の質量を M_α，終わりの原子またはイオンの質

量を $M_{f'}$　（M_f から，はがれた電子の質量を引いたもの；$M_{f'} \approx M_f$）とすれば

$$M_\alpha E_\alpha = M_f' E_r : \text{運動量保存} \tag{5.15}$$

となる．これから，初めの核の質量数を A として

$$Q_\alpha = \left(1 + \frac{M_\alpha}{M_f'}\right) E_\alpha \approx \frac{A}{A-4} E_\alpha \tag{5.16}$$

が得られる．したがって，E_α を測れば Q_α を知ることができる．

　α 崩壊の過程は大きく分けると

(1) 原子核内で α 粒子が生成する確率 P_{form}

(2) 生成された α 粒子が原子核内部から放出される頻度 N_{coll}

(3) 放出された α 粒子がポテンシャルを透過する確率 P

に分けることができる．この考えでは α 崩壊の部分崩壊定数 λ_α は

$$\lambda_\alpha = P \cdot N_{\text{coll}} \cdot P_{\text{form}} \tag{5.17}$$

と書ける．このうち $P \cdot N_{\text{coll}} \equiv \lambda_{\text{G}}$ はガモフの崩壊定数と呼ばれる．

　α 崩壊の部分半減期 $T_{1/2\alpha}$ は

$$T_{1/2\alpha} = \log_e 2 / \lambda_\alpha = \log_e 2 / (P \cdot N_{\text{coll}} \cdot P_{\text{form}}) \tag{5.18}$$

と表せる．

　α 崩壊の過程 (3) について見てみよう．α 粒子が核の中から外に出るときのポテンシャルエネルギー $V(r)$ を模型的に書くと，図 5.3 のようになる．そして α 粒子が核から無限に離れたときに α 粒子と核の運動エネルギーの和は Q_α になる．ところが α 粒子と核の距離を小さくするにつれて，ポテンシャルエネルギーが増加するに従い，運動エネルギーは減少し，ある点（図 5.3 では b 点）から中では古典論による運動エネルギーは負になる．さらに距離が近くなると（R 点），核力が効き始める．核力は主として引力である．そして α 粒子が十分核に近づくと，ポテンシャルエネルギーは再び減少し，ある点（a 点）から運動

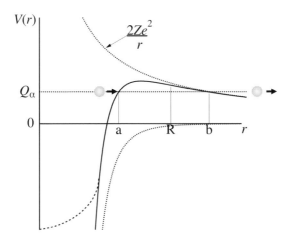

図 **5.3** α粒子が感じる透過ポテンシャル.

エネルギーは正になるであろう. もちろん α 粒子が核内にはいってしまうと, α 粒子に対するポテンシャルというものは近似的な意味しかもたなくなる.

N_{coll} は原子核内の α 粒子の運動エネルギーに関係し, おおむねポテンシャルの深さと半径の比の平方根で効き, およそ 10^{22} 1/sec と見積もれる. P_{form} は原子核内で陽子, 中性子が 2 個ずつで ^{4}He が生成される割合で, 原子核内の 4 つの核子の波動関数の重なり程度と見積もることができ, 1 粒子波動関数で評価すると, おおむね 10^{-2} 程度である. 合わせると 10^{20} 程度である [61]. P はトンネル透過確率であり, WKB 近似を用いると

$$P = \exp\left[-\frac{2}{\hbar} \int_R^b \left\{ 2\frac{m_\alpha m_{\text{f}}}{m_\alpha + m_{\text{f}}} (U(r) - Q_\alpha) \right\}^{1/2} dr \right] \tag{5.19}$$

で与えられる. R は核半径, Z は残留核の原子番号, b は $U(b) = Q_\alpha$ で決められる位置である. E_α は α 粒子の運動エネルギーで直接測定されるものである. 質量差から定義される Q_α は α 粒子だけでなく, 残りの原子核の反跳にも使われる. 質量数 4 の α 粒子の場合, $E_\alpha = \frac{A-4}{A} Q_\alpha$ である.

$U(r)$ は図 5.3 のようにクーロン力と核力を合わせたものであるが, 計算の簡単化のため, クーロン力のみとして,

$$U(r) = \frac{zZe^2}{4\pi\varepsilon_0 r} \tag{5.20}$$

とする．α 崩壊の場合 $z = 2$ で Z は放出後の原子核の陽子数である．平方根部分をテイラー展開して 1 次までとると

$$\log_{10} T_{1/2} = a\frac{Z}{\sqrt{E_\alpha}} + b \tag{5.21}$$

の形が出てくる（a, b は定数）．この形はガイガー・ヌッタルの法則という，実験的に測られた E_α と半減期 $T_{1/2}$ の経験式と一致しており，この法則を導出したことになる．

このような解析に従って，いくつかの公式が提案されているが，よく使われているものとして Viola-Seaborg による 4 パラメータ公式

$$\log_{10} T_\alpha = (aZ + b)/\sqrt{Q_\alpha} + (cZ + d) \tag{5.22}$$

を上げておく．a, b, c, d は実験値を再現するように調整するパラメータである．核図表全体で共通にとる方法や，アクチノイド以降（超重核含む）のみで調整する方法など，いくつか流儀がある．

5.3.2　偶偶核，奇質量数核，奇奇核と基底状態

(a)　偶偶核

ここで紹介した式の半減期の再現精度は，おおむね 10 倍 〜1/10 程度である．図 5.4 は式 (5.19) の例として式 (5.19) のベキの展開を 4 次までとって最適化した式での比較である [61]．偶偶核（陽子数，中性子数がともに偶数である原子核）の場合，実験値の Q 値を用いれば，α崩壊部分半減期が $\log_{10}$ での平均 2 乗偏差で 0.34（2.2 倍 〜1/2.2）の精度で再現できる．この精度は β 崩壊，自発核分裂に比べれば格段によい．

実験値と推定値の比で見られる不一致の 1 つは軌道角運動量をもつことによって生じる遠心力法障壁の透過からくる抑制効果である．これは比較的簡単に計

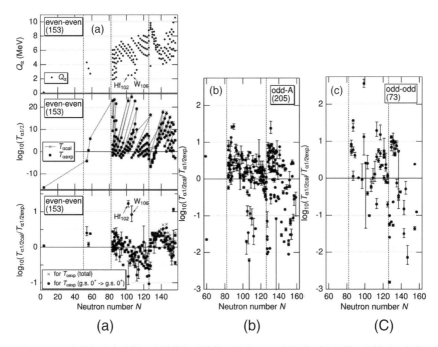

(a)   (b)   (C)

図 **5.4** α 崩壊部分半減期の実験値と理論値の比較. (a) 偶偶核（陽子数,中性子がともに偶数である原子核）の例. 上図は実験値の α 崩壊 Q 値,中図は実験的に得られた α 崩壊部分半減期（全半減期に α 崩壊分岐比を割った量）と実験 Q 値から求めた計算による α 崩壊部分半減期（対数）. 図中の×はその分岐を区別せず,全半減期 $T_{1/2}$（つまり λ）のみを測定したものである. 娘核への $0^+ \to 0^+$ 崩壊のみを抽出すると黒丸となり,モデル計算と実験値の一致は良くなる. 下図は中図の値の対数比. 0 であれば実験と理論は一致する. (b) 奇質量数核の例. 奇質量数核は偶偶核に対して崩壊が抑制されている（半減期が長くなっている）として抑制因子を定数で加えている. ここでは $\log_{10}$ で 0.53276（3.4 倍相当）. (c) 奇奇核（陽子数,中性子がともに奇数である原子核）の例. 抑制因子は (b) の単純に 2 倍とし,偶偶核に対して $\log_{10}$ で 1.06552（11.6 倍相当）としている [61].

算できるし[2],偶偶核の基底状態は 0^+ と決まっているので,この問題はある程

---

[2] 例えば ^{218}Po は基底状態は 3×10^{-7} 秒の α 崩壊であるが励起状態 2.93 MeV から 43 秒で α 崩壊する. Q 値が大きいにもかかわらず,半減期が長いのは励起状態のスピンが大きいからであると推測される. 遠心力ポテンシャルを付加して計算すると $l=18$ で半減期を再現できる. 現在この励起状態は 18^+ と推定されている.

度簡単に処理できる．それ以外のずれは原子核内で α 粒子が生成する確率 P_{form} であり，これが核構造に起因する量となる．実際 $N = 126$ 付近において断層的な不一致が見受けられるし（閉殻構造），Hf_{102}，W_{106} で大きな不一致（変形に起因と考えられる）が生じている．これは原子核内の変形も考慮した単一粒子状態の適切な記述が必要となる．

(b)　奇質量数核，奇奇核の崩壊と励起状態

　奇質量数核，奇奇核（陽子数，中性子数がともに奇数である原子核）の実験値の半減期は偶偶核で求めた推定式と比較して半減期が長くなる．奇質量数核で平均で 3 倍程度以上，奇奇核で 10 倍以上である．これは遠心力障壁ではあまり影響が少なく（有意には影響する），むしろ原子核内での α 粒子の生成に起因しているように見える．上記の式は P_{fom} を簡単に定数としたが，核構造の理解で適切に評価することで精度の良い予測が得られるであろう．

　偶偶核以外の原子核については基底状態-基底状態遷移でない遷移が大抵の場合含まれるとしてよい．特に親核，娘核の基底状態が $3/2^-$ と $9/2^+$ などと異なった場合は励起状態の類似の準位に多く遷移する場合が多い．さらに言えば，α 崩壊連鎖でも途中の原子核で基底状態を経由することなく（γ 崩壊で基底状態への脱励起もせず），励起準位のみを経由する場合すらあり得る．

　最後に，理研およびロシアのドブナで測定された α 崩壊連鎖の半減期（α 崩壊が 100% なので $T_{1/2} = T_{1/2\alpha}$ とできる）の実験値と推定式の比較を図 5.5 に示す．推定式の Q 値は実験値を用いている）．偶偶核はよく再現し，奇質量数核も良いが，奇奇核はかなり変動が見られ，ある種の核構造が現れているように見える．

(c)　α 崩壊から核種，および基底状態を決めること

　α 崩壊は（毎回異なる原子核片に分かれる核分裂と比べれば）毎回陽子を 2 個と中性子を 2 個放出する，という意味で同じイベントとなる（崩壊時間はポアソン分布で広がるが）．その意味で，イベントが観測されればその連鎖崩壊をたどることで原子核の陽子の数，中性子の数が決定できる．第 1 章でドイツ，

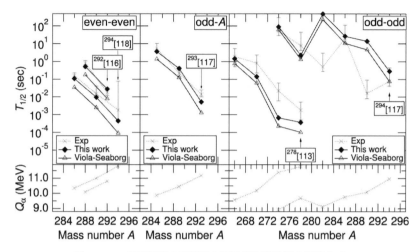

図 5.5   α 崩壊連鎖の半減期の実験値と理論値の比較 [61].

日本の冷たい融合反応では，これが連鎖崩壊で既知核種までつながって核種の同定に至ったことは説明した．

　しかし，その崩壊が基底状態-基底状態間であることは保証しない．偶偶核の場合は，おおむね（考察は必要だが）基底状態-基底状態間としてよい場合が多いが，それ以外の場合は親核と娘核の状態（第1にスピン，パリティ，第2に形状の違い．形状は K 量子数と呼ばれる指標で評価する）が類似しているほうが起こりやすく（波動関数の重なりが大きく），Q 値が多少小さくても，そちらの遷移のほうが多く起こる場合が多い．

　超アクチノイド，超重核の合成実験では原子核の生成量は少なく，観測される α 崩壊の測定数は決して多くない．その少ないイベントから核構造（基底状態，励起状態も含めて）を決定するには，慎重に解析する必要がある．

5.3.3 ^{209}Bi の α 崩壊，クラスター崩壊

(a)   原子核の安定と ^{209}Bi

　前章で原子核の存在領域を見積もるのに中性子分離エネルギー，陽子分離エ

ネルギーおよび核分裂限界線を用いたが，α 崩壊の限界線に関しては議論していなかった．これについて，原子核の安定の問題と関連して少々説明しよう．

まず実際に α 崩壊のドリップ線を書いてみよう．それは Q_α（式 (5.12)）が 0 となる線である．図 5.6 に ^{4}He を放出しうる核種の分布を示した．この定義は Q_α が正のである核種となるので，その境界線（Z が小さい側）がドリップ線となる．

α 粒子ドリップ線は $Z = 50$ 付近に位置しており，$N = 82$ で閉殻に応じたくびれが生じている．それより Z が大きい原子核は既知核の範囲で，ほとんどが α 崩壊核種である．元素で言えば第 5 周期の途中から，第 6 周期以降の天然元素の原子核では，ほぼすべて α 崩壊核種である．ではなぜ観測されないかと言えば，これらの Q 値が小さく（3 MeV 以下），かつ α 粒子が感じるクーロン障壁の裾野が大変長く，トンネル透過するには大変な時間がかかる，というわけである．

^{209}Bi はドイツ GSI や理研の冷たい融合反応で標的に利用された原子核である．ビスマスの安定同位体はこれ 1 つであり，天然の元素そのままを原子核実

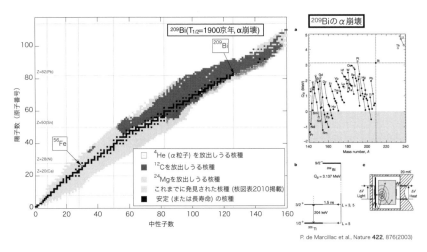

P. de Marcillac et al., Nature **422**, 876(2003)

図 **5.6**　^{4}He, ^{12}C, ^{24}Mg を放出しうる原子核の核図表上の分布（口絵 8 参照）．

験に使えるので都合がよい．さて，この ^{209}Bi の Q_α は 3.137 MeV と正なので
α崩壊をする（図 5.6）．その半減期が初めて測定されたのは 2003 年で，20 ミ
リケルビンまで冷やした ^{209}Bi 試料の α崩壊を測定し，1.9×10^{19} 年（1900 京
年）の半減期を得ている [3]．図 5.6 の右には $Z = 60$ 付近以上の"安定核"の
Q_α が示しているが，$Q_\alpha > 0$ である原子核は α崩壊する [4]．しかしこれらの原
子核の長寿命の α崩壊が人間の技術の尺度で測定されるかは別問題である．

(b)　原子核の"存在領域"の定義は明確か？

　このような話をわざわざ挙げたのは，原子核の存在限界を考えるとき，荷電粒
子のトンネル透過の評価が問題になるからである．例えば前の章で陽子放出限
界線つまり陽子ドリップ線を S_p，S_2p が正である領域を存在領域として説明し
た．しかしドリップ線の外でも陽子が感じるクーロンポテンシャルと遠心力障
壁のため，陽子放出 Q 値 Q（S_p の符号を逆にしたもの）が正でもある程度の寿
命をもって原子核の形でコンパクトにとどまることができる．実際陽子ドリッ
プ線の外側でも原子核は発見されている．先ほど説明した ^{209}Bi などの α崩壊
の事情と一緒である．Q 値で区切った領域は原子核がコンパクトにまとまって
存在する領域とは必ずしも一致しない（おおよそのガイドにはなるが）．

　この章の後半で超重核の安定の島の理論予測を紹介するが，陽子ドリップ線
側については陽子ドリップ線は示すが，それと同時に，原子核の全半減期を計
算し，その半減期を指標にすることで原子核がコンパクトにまとまっている領
域を表記する，という方法をとる．

(c)　クラスター崩壊

　α崩壊の説明の最後に，α粒子以外の原子核放出にも触れておく．原理的に
は α粒子以外の放出も崩壊 Q 値が正であれば当然起こりうる．しかし透過する
クーロンポテンシャルの式 (5.20) で z が大きくなるので（その分 Z は小さくな

---

[3] 現在では統計がたまり 2.01×10^{19} 年と評価されている．
[4] ^{144}Nd, ^{146,147,148}Sm, ^{151}Eu, ^{148,150}Gd, ^{152}Gd, ^{154}Dy などは長寿命 α崩壊同位体と
して知られている．

るが）より大きいクーロンポテンシャル（の裾野）を感じることになり，同じ
Q 値でも半減期は極端に長くなる．α 粒子より重い原子核を放出する崩壊をク
ラスター崩壊と呼ぶ．

　実際 1984 年に初めて発見されたクラスター崩壊は ^{223}Ra からの ^{14}C 原子核
の放出であるが，このとき α 粒子 1 に対して 8.5×10^{-10} といった割合で観測さ
れ，ほとんど α 粒子に隠れてしまっている．この事象の放出後の原子核は ^{209}Pb
であるが，クラスター崩壊はこのように「^{208}Pb 近辺の原子核 + 放出する原子
核」を親核として観測できる場合がほとんどである．これは ^{208}Pb が 2 重閉殻
であり，この付近で質量値を大きく下げていることが理由である．クラスター
崩壊は稀事象であるが，クラスターを大きくした延長が核分裂とみなすことも
できるので，α 崩壊と核分裂をつなぐ事象として研究もされている．

　図 5.6 ではクラスター崩壊のドリップ線として ^{12}C と ^{24}Mg についての質量
差からの計算も示している．^{12}C は ^{4}He に比べて膨れるように広がり，^{24}Mg
は安定線から見て $N = Z$ に向かう方向に広く可能域が広がっていることがわ
かる．

5.4　　β 崩壊

5.4.1　β 崩壊のハミルトニアン密度

　β 崩壊は弱い相互作用が引き起こす原子核の壊変である．β 崩壊では粒子・
反粒子の生成・消滅を引き起こすので，それに応じた表記が必要である．この
様子を表す方法の 1 つがいわゆるファインマン・ダイソン図であり，この表記
でで書くと，図 5.7 のようなものになる．図中の小円で相互作用を起こす．時
間の向きを例えば図中に示したように決める．時間と逆向きの矢印は反粒子が
生成されることを示す．左図 β^- 崩壊では ν_e が時間の向きと逆向きであり，こ
れを反粒子 $\bar{\nu}_e$ が生成されたとする．この n と p はハドロンであるが，相互作
用の円に向かう線と出る線として表されており，ハドロン数保存を示している．
一方，電子とニュートリノ相互作用の円に向かう線と出る線として表されてい

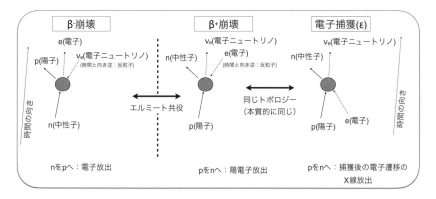

図 **5.7**　β 崩壊のファインマン・ダイソン図. 矢印が時間の差す方向と逆になるときは反
　　　　 粒子を表す.

る. 電子とニュートリノはレプトンに区分され, レプトン数保存を示している.
矢印の向きをすべて変え, 適当に整えると中図の β⁺ 崩壊が表現される. 今度
は電子が時間の向きと逆向きであり, これが陽電子である. 電子ニュートリノ
は「反」ではない粒子である.「適当に整える」と述べたが, これは相互作用を
記述する範囲では本質的な違いはない. 電子の矢印の位置を下に下げれば右の
図のようになる. これは電子捕獲を表している. β⁺ 崩壊と電子捕獲はトポロ
ジー的に同じである.

　「矢印の向きを変える」と述べたが, これは数学的にはエルミート共役をとっ
たことを意味する. 全系を表すラグランジアンなりハミルトニアンは必ずエル
ミート共役が付随すると考えられており, 実際そのように構成されている.

　なお, 図の小円は弱い相互作用を引き起こす $W^{\pm}$ ボソンと Z^0 ボソン (質量
$80\,\mathrm{GeV/c^2}$) によりもたらされることがわかっているが, ここではエネルギー的
に関係がないので, 円を一点で近似する[5].

　粒子の生成と消滅を表すのに場の理論における場の演算子を用いる. 図 5.7
の左図で β⁻ 崩壊で n の矢印が小円で消滅するが, これを ψ_n で表し, 一方, 小
円から p が生成するのを ψ_n^* で表す. ψ^* は ψ のエルミート共役演算子であり,

---

[5] 4 粒子が特定の同じ点に集まったときだけ相互作用が起こるとしている. これをフェ
　ルミ型相互作用と呼ぶ.

粒子を生成する役割を果たす．これを単純な積で並べていけば，ファインマン・ダイソン図の矢印部分を表現したことになる．実際には小円内での β 崩壊の性質を記載する．それは一般にはスカラー型，ベクトル型，テンソル型，軸性ベクトル（axial vector; または擬ベクトル (pseudo vector)）型，擬スカラー (pseudo scalar) 型といった相互作用の型が考えられるが，β 崩壊では主にベクトル型と軸性ベクトル型の混合したものであることがわかっている．これらのことを考慮して小さな補正項を無視すると，この β 崩壊を表すハミルトニアン密度 $\mathscr{H}_\beta$ は

$$
\begin{aligned}
\mathscr{H}_\beta &= G_{\mathrm{V}}\left[\psi_{\mathrm{p}}^*\psi_{\mathrm{n}}\cdot\psi_{\mathrm{e}}^*\gamma'\psi_\nu - \psi_{\mathrm{p}}^*\boldsymbol{\alpha}\psi_{\mathrm{n}}\cdot\psi_{\mathrm{e}}^*\boldsymbol{\alpha}\gamma'\psi_\nu\right] \\
&+ G_{\mathrm{A}}\left[\psi_{\mathrm{p}}^*\boldsymbol{\sigma}\psi_{\mathrm{n}}\cdot\psi_{\mathrm{e}}^*\boldsymbol{\sigma}\gamma'\psi_\nu - \psi_{\mathrm{p}}^*\gamma_5\Psi_{\mathrm{n}}\cdot\psi_{\mathrm{e}}^*\gamma_5\gamma'\psi_\nu\right] \\
&+ \left\{\text{エルミート共役項}\right\}.
\end{aligned}
\tag{5.23}
$$

と表すことができ [6]，これを全空間で積分したものが実際の原子核で β 崩壊を引き起こすハミルトニアン H_β

$$
H_\beta = \int \mathscr{H}_\beta d\boldsymbol{r}
\tag{5.24}
$$

となる．

　相対論的場の理論の立場で改めて説明すると，ψ_{n}, ψ_{p}, ψ_{e}, ψ_ν は中性子，陽子，電子，ニュートリノの相対論的な 4 成分の場の演算子を表し，$*$ 印はエルミート共役を示す．ψ は粒子を消滅させる演算子，ψ^* は粒子を作り出す演算子である．ここでの議論では，場の理論の状態ベクトルに掛かったとき普通の波動関数になるものとみなしておけばよい．β, $\boldsymbol{\sigma}$, $\boldsymbol{\alpha}$, $\gamma_5 = i\alpha_x\alpha_y\alpha_z$, $\gamma' = (1+\gamma_5)/\sqrt{2}$ は 2.3.1 項 (a) で紹介したディラック方程式の 4 行 4 列の行列である [7]．

　$1+\gamma_5$ はパリティを破れを引き起こすという，弱い相互作用の特徴的な要素

---

[6] 相対論的共変性がわかるように書いたほうがきれいだが，通常核子は非相対論的に扱われるのでこのように書いた．参考文献 [62] の p.157 も参照．

[7] 符号を $+\boldsymbol{\alpha}\boldsymbol{p}c + \beta mc^2$ ととっておく（逆符号の $-\boldsymbol{\alpha}\boldsymbol{p}c - \beta mc^2$ とした場合は $\gamma_5 = -i\alpha_x\alpha_y\alpha_z$ と定義し直せばよい．通常の相対論の教科書では，パリティの破れは $1-\gamma_5$ という表現で表すが，本書では，参考文献 [62] に従いこちらを採用する．）．

であるが，ここではその議論は省略する．中黒（・）は3次元ベクトルの内積
をとることを意味する．

G_V がある第1項はベクトル型相互作用，G_A のある第2項は軸性ベクトル型
相互作用と呼ばれる．その結合定数の値は

$$|G_V| = 1.40 \times 10^{-49}\ \mathrm{erg \cdot cm^2} \tag{5.25}$$

$$G_A/G_V = -1.25 \tag{5.26}$$

であることがわかっている．

　最後の {エルミート共役項} は全体のエルミート共役をとったことを意味す
る．このエルミート共役項が β^+ と電子捕獲を引き起こす．

　ハミルトニアンとしては β^-，β^+，電子捕獲すべての相互作用が含まれている
が，エネルギー的に起こらない，または終状態がない，などでどちらかに制限さ
れることになる．もちろん条件が許せば，すべて起こっても構わない．安定原
子核付近にはそのような原子核は多くあり，例えば自然放射性元素である ^{40}K
は β^-（^{40}Ca へ，$Q_{\beta-}$=1.31 MeV）が 89.3%，β^+（^{40}Ar へ，$Q_{\beta+}$=0.483 MeV）
が 0.001%，EC（同，Q_{EC}=1.461 MeV）が 10.7%起こり，共存している．

5.4.2　β崩壊の崩壊定数

　β崩壊は親核のスピン・パリティと娘核のスピン・パリティに応じて表5.1の
ように選択則がある．フェルミ遷移は式 (5.23) の

表 5.1　β崩壊の選択則．第4以降も続く（省略）．

遷移	型	スピン変化	パリティ変化
許容遷移	フェルミ	0	+
	ガモフ・テラー	$0, \pm 1(0 \neq 0)$	+
第1禁止遷移	非ユニーク	$0, \pm 1$	−
	ユニーク	± 2	−
第2禁止遷移	非ユニーク	± 2	+
	ユニーク	± 3	+
第3禁止遷移	非ユニーク	± 3	−
	ユニーク	± 4	−

$$G_{\mathrm{V}} \psi_{\mathrm{p}}^* \psi_{\mathrm{n}} \cdot \psi_{\mathrm{e}}^* \gamma' \psi_\nu \tag{5.27}$$

に相当する. γ' に含まれる γ_5 の成分を除けば粒子の生成, 消滅しか起こさず, スピンもパリティも変えない. ガモフ・テラー遷移は式 (5.23) の

$$G_{\mathrm{A}} \psi_{\mathrm{p}}^* \boldsymbol{\sigma} \psi_{\mathrm{n}} \cdot \psi_{\mathrm{e}}^* \boldsymbol{\sigma} \gamma' \psi_\nu \tag{5.28}$$

に相当する. ガモフ・テラー遷移はパウリ行列 $\boldsymbol{\sigma}$ が含まれるのでスピンを 0 または 1 だけ変える. フェルミ遷移, ガモフ・テラー遷移をまとめて許容遷移と呼ぶ. 第 n 禁止遷移は式 (5.23) のそれ以外の項の寄与により起こる.

前節のハミルトニアンを用いて β 崩壊の半減期は計算できる. 通常, フェルミの黄金律と呼ばれる, 始状態から終状態への遷移確率を 1 次の摂動で計算する方法で扱う. それにより β 崩壊のフェルミ遷移, ガモフ・テラー遷移など各崩壊定数は以下のように書き下すことができる.

$$\lambda_{\mathrm{F}} = \frac{m_e{}^5 c^4}{2\pi^3 \hbar^7} |G_{\mathrm{V}}|^2 \int_{-Q}^0 |M_{\mathrm{F}}(E)|^2 f(-E) dE \tag{5.29}$$

$$\lambda_{\mathrm{GT}} = \frac{m_e{}^5 c^4}{2\pi^3 \hbar^7} |G_{\mathrm{A}}|^2 3 \int_{-Q}^0 |M_{\mathrm{GT}}(E)|^2 f(-E) dE \tag{5.30}$$

$$\lambda_1^{(2)} = \frac{m_e{}^5 c^4}{2\pi^3 \hbar^7} \left(\frac{m_e c}{\hbar}\right)^2 |G_{\mathrm{A}}|^2 \int_{-Q}^0 \sum_{ij} |M_{ij}(E)|^2 f_1(-E) dE \tag{5.31}$$

$$\lambda_1^{(1)} = \frac{m_e{}^5 c^4}{2\pi^3 \hbar^7} \left(\frac{m_e c}{\hbar}\right)^2 \left[|G_{\mathrm{V}}|^2 \int_{-Q}^0 |M\boldsymbol{r}(E)|^2 f_{1V}^{(1)}(-E) dE \right. \tag{5.32}$$

$$\left. + |G_{\mathrm{A}}|^2 \int_{-Q}^0 |M\boldsymbol{\sigma} \times \boldsymbol{r}(E)|^2 f_{1A}^{(1)}(-E) dE \right] \tag{5.33}$$

$$\lambda_1^{(0)} = \frac{m_e{}^5 c^4}{2\pi^3 \hbar^7} \left(\frac{m_e c}{\hbar}\right)^2 |G_{\mathrm{A}}|^2 \int_{-Q}^0 |M\boldsymbol{\sigma} \cdot \boldsymbol{r}(E)|^2 f_{1A}^{(0)}(-E) dE \tag{5.34}$$

$f(-E)$ は積分されたフェルミ関数と呼ばれ, 電子, 陽電子の荷電レプトンの状態が原子核のクーロン場で歪んだ効果を表している. 大雑把には $f(-E)$ は β^- であれば $Q_{\beta-}$ の 5 乗で増え, β 崩壊半減期の主要部分を占める. $f(-E)$ は電子系の方程式を解くことになるのでかなり精度よく求めることができる. 一方 $M_\Omega(E)$ は核行列要素と呼ばれ, 原子核の核構造を反映した量である. $M_\Omega(E)$

は原子核物理の模型計算を用いて求まることになる．また，核行列要素その 2
乗を β 崩壊強度関数と呼ぶ．

　式 (5.34) からわかるとおり，β 崩壊の崩壊定数は親核の基底状態から娘核の
質量値である $-Q_\beta$ までを積分したものである．つまり娘核の励起状態の情報
をすべて含む形になる．$f(-E)$ がおおよそ $Q_{\beta-}$ の 5 乗で増えることから娘核
の基底状態および低励起状態が主であることが推測できるが，それでも特異な
共鳴状態 [8]があればそれに影響を受ける．半減期の大きさが，$Q_{\beta-}$ のおおよ
そ -5 乗で減っていくとはいっても，中性子ドリップ線付近で見ても $Q_{\beta-}$ 値は
20 MeV 程度で，その付近での半減期はせいぜい数百マイクロ秒程度である．一
方 α 崩壊は短いものでナノ秒の程度まで短くなる（^{8}Be を含めると 10^{-17} 秒ま
で）．この意味で，核図表上における原子核の安定性は基本的に β 崩壊に対し
てが主要であるが，そこに α 崩壊が起こるようになりだすとその領域がえぐら
れるように半減期が急激に短くなる．と見ることができる．

　β の実験は，β 崩壊核種を生成し，その崩壊を調べるわけだが，娘核のどの
励起準位にどの程度の強度で β 崩壊をしたかが重要である．それは励起準位か
らの γ 崩壊を利用してスピン・パリティの同定を行いながら調べていく．また，
β^- 崩壊の逆反応とも言える (p,n) 反応を用いることにより，詳細な $M_\omega(E)$ の
様子を調べる方法もある．

5.4.3　核行列要素の理論計算

　β 崩壊の核行列要素またはその 2 乗の強度関数の理論計算は古くから行われ
ていて，システマティクスの方法や，巨視的方法，殻模型計算や QRPA（準粒
子乱雑位相近似）計算などの微視的手法である．それぞれの方法について一長
一短があるが，核図表上広範な領域の原子核に対して統一的に半減期を計算し
ているのは，現在のところ大局的理論と QRPA 計算である．

　β 崩壊では崩壊後の原子核の基底状態だけでなく高い励起状態まで考慮する
必要があり，半減期の推定は簡単ではない．どちらの方法でも，部分半減期の

---

[8] 例えばピグミー共鳴など．

推定は Q 値が小さい場合は約 1/100～100 倍の精度であり，Q 値が大きい場合は約 1/10～10 倍の精度になる． β 崩壊と軌道電子捕獲は質量数の大小によらず，全核種領域で起こる崩壊様式である．

この章の最後に示す計算では，われわれが行った大局的理論での結果を用いて議論を進めていくことにする．

5.5　核分裂

核分裂のおおよその説明は第 3 章の変形液滴模型で説明した．この説では核分裂の問題として形状とポテンシャルのダイナミクスについて触れる．

5.5.1　形状の記述
原子核が大きく形状を変えるとそのポテンシャルエネルギーは図 3.14 のように谷と山を形成していく．

原子核の形状を表すのにはいくつ方法があるが，例えば原子核の半径を多重極展開で表したとき，球面調和関数 $Y_{lm}(\theta, \phi)$ を用いて

$$R(\theta, \phi) = \frac{R_0}{\lambda} \left(1 + \sum_{l,m} \beta_{lm} Y_{lm}(\cos\theta, \phi) \right) \tag{5.35}$$

と表すことができる（R_0 は原子核の半径，λ は体積を一定にする規格化の係数）．さらに形状を軸対称としてルジャンドル多項式 $P_l(\cos\theta)$ を用いて $\beta_l Y_{l0}(\theta, 0) = \alpha_l P_l(\theta)$ とすることもできる．

図 5.8 はポテンシャルエネルギーの陽子数依存性の一例であるが，陽子数が増えるとポテンシャルエネルギーが変形度の大きいところで下がっている．軽核，中重核では原子核を変形させても表面エネルギーが増加するのみでポテンシャルが上がる一方である．しかしアクチノイド，超重核領域ではこの図のように陽子のクーロン斥力が変形によりエネルギーを下げるようになり，核分裂障壁として観測されるようになる．

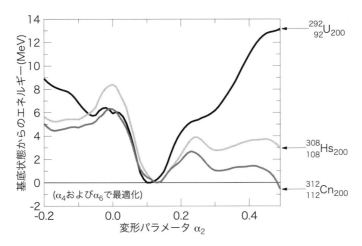

図 **5.8** 変形空間におけるポテンシャルエネルギーの陽子数依存性. $N = 200$ で一定の例. 陽子数が多いくなるにつれ障壁が低くなっている.

原子核の基底状態の質量（結合エネルギー）計算では β_2, β_4, β_6 の 3 パラメータの軸対称・反転対称の形状で，おおむね記述できるようであり[9]，実際多くの質量公式で採用されている．もちろん多重極 l を多く選べば，より詳細な形状を記述することに対応することになる．核分裂障壁の高さの計算も，おおむね再現できているようで，すでに図 3.15 に示したように，既知の核分裂障壁の高さを再現している（すでに非対称形状での障壁は現れているが，高さとして大きな違いはまだ顕著ではない）．

式 (5.35) で l が奇数であると非対称変形となる．原子核の核分裂は図 3.16 の例で示したように一般に非対称質量分布を示す．ポテンシャルエネルギーで言えば，基底状態に近い内側の障壁は対称分裂でもよいのかもしれないが，外側の障壁は非対称形状のポテンシャルが低くなり，そちらを経由して核分裂を起こすと考えられる．

一方で核分裂，特に切断 (scission) を含めた記述は，このような多重極変形では難しい．核分裂障壁が低い原子核の場合（例えば図 5.8 の下の図の例），変形

[9) アクチノイド核の形状は β_6 の効果でエネルギーが下がり，実験データをよく再現する傾向にある.

自由度が多くなる前に核分裂してしまうという理由でうまく記述できる場合もあるが，例えばウランあたりの，外側の核分裂障壁のほうが大きい原子核の場合は別の方法で扱うのが適切であろう．多重極変形で大変形を記述する方法はいくつか提案されているがここでは割愛する．

　もう一方は，原子核の形状が2つの原子核から構成されているとして，それぞれのポテンシャルを用意して束縛系を解くという方法がある．これを2中心殻模型 (two center shell model) と呼ぶ（図 5.9）．これは2つの半径の異なる原子核を用意し，それぞれの変形殻模型ポテンシャルを用意する．原子核は重なっているのでその部分をネック（首，neck）としてパラメータとし，形状および中心間距離を変えながら一体化した形状におけるシュレディンガー方程式を解く，というものである．この方法はマルーン (J. A. Maruhn) とグライナー (W. Greiner) が提案したものがよく知られ（1972 年），ほぼ同時期に日本の山路修平と岩本昭が共同で開発している．

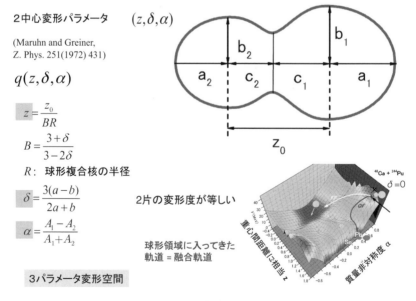

2中心変形パラメータ　　(z, δ, α)

(Maruhn and Greiner,
Z. Phys. 251(1972) 431)

$q(z, \delta, \alpha)$

$z = \dfrac{z_0}{BR}$

$B = \dfrac{3+\delta}{3-2\delta}$

R：球形複合核の半径

$\delta = \dfrac{3(a-b)}{2a+b}$

$\alpha = \dfrac{A_1 - A_2}{A_1 + A_2}$

3パラメータ変形空間

2片の変形度が等しい

球形領域に入ってきた
軌道＝融合軌道

図 5.9　2中心殻模型の概念図.

　オリジナルは2原子核間の距離 Z，2片の質量の質量数 A としての非対称度 α，2つの原子核の変形度 δ（共通）の3パラメータ形状で表している．ポテンシャルは調和振動子型である．これをしばしば「3次元計算」と呼ぶことが多い．この方法は原子核の変形の形状発展をよく記述し，現在でも核分裂のみならずアクチノイド，超重核の核融合反応計算にも広く使われている．この計算はよく変形している原子核には良き記述を与えるが，逆に球形に近づくと数値計算上うまくいかず，それゆえ基底状態形状，特に球形原子核には向かない．

　また，形状の自由度として2つの原子核の変形度を同じにとっているが，これも例えば，非対称核分裂片の解析などには変形度を別々にとりたい．そのような目的で最近は2つの原子核の変形度を別々にとる方法も開発されてきた．これもしばしば「4次元計算」と称している．千葉敏のグループで開発され，また，ポテンシャルも調和振動子から Woods-Saxon 型への開発を行い，その比較検証を行っている．

　メラー (P. Möller) は FRDM の方式で変形のパラメータ数を5つに増やし，5次元計算を行っている（図 5.10）．これによる大きな成果は，原子核の核分裂がどの原子核が対称分裂または非対称分裂かといった系統的計算を実施したことが挙げられる．核分裂障壁の高さについても，おおむね良い傾向を示している．

　一方で，微視的計算として，Skyrme 密度汎関数計算や共変密度汎関数計算で

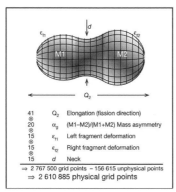
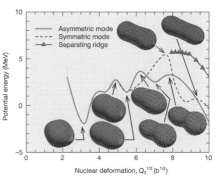

図 **5.10**　5次元計算．左：5次元パラメータ形状の取り方．右：^{234}U の例．

の核分裂の記述が精力的に行われている．最近の計算能力の向上に伴って関連
する論文が増えている状況である．今後進展していく分野だと考えられる．

5.5.2　ダイナミクス

原子核の変形に対するポテンシャルエネルギーが与えられた場合，このポテ
ンシャルをどのように経由して核分裂に至るのであろうか．

図 5.11 は原子核の形状に対するポテンシャルエネルギー表面の例である．こ
の原子核では球形の基底状態から形状をプロレート（ラグビーボール型）に変
えていくに従ってポテンシャルエネルギーの山を越えていき，核分裂を起こし
ていくと見ることができる．

α 崩壊の場合と同様に，核分裂は一種のトンネル効果と見ることができ，そ
の場合，α 崩壊で見たような WKB 法による遅延因子

$$\exp\left[-\frac{2}{\hbar}\int_{V>E}\sqrt{2M(V(\xi)-E)}d\xi\right] \qquad (5.36)$$

を与えて崩壊確率を推定することができる．ここで ξ は原子核が基底状態から

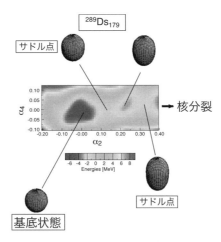

図 **5.11**　変形空間におけるポテンシャルエネルギー表面の ^{289}Ds の例．球形基底の方法
(KTUY) で軸対称反転対称として計算．変形度 α_2, α_4, α_6 形状までを考慮
し，各 α_2, α_4 に対してポテンシャルが最小となる α_4 をとった（口絵 9 参照）．

核分裂に至る経路を表し，M は質量パラメータで，運動エネルギーを $(1/2)M\dot{\xi}^2$ と表すときの係数である．M は，一般に核が変形を増していくとき核物質がどのような運動をするかに依存する．一番簡単な方法では M の値として，原子核が渦なし流体であるとして与えることになるが，実際には核の表面振動や回転における質量パラメータの実験値などを考慮して渦なし流体よりかなり大きめの値をとるのが普通である．核の状態変化を指定したときの質量パラメータの計算にはクランキング・モデルがよく用いられ，ある程度の成功を収めている．また，最近は微視的扱いでこの問題に取り組む試みがなされている．

$V(\xi)$ の経路を求めることは特に重要な問題である．直感的には $(V(\xi) - E)$ の最小値（谷底と峠）を通るように見えるが，実際にはそう簡単ではなく，上式中の積分値の最小値，つまり「最小作用」の経路をとるべきだからである．これは M の値が各点で変われば $(V(\xi) - E)$ の最小値を通らない可能性は容易にわかる．ただし上式は $(V(\xi) - E)$ の平方根で効くので，半減期の大きさという点に限定すれば $V(\xi)$ の高さというよりは，ξ の距離のほうが決定的である．この理解のもと $(V(\xi) - E)$ の最小値（谷底と尾根）を求める計算は（上記を理解した上で）有用である．

図 5.11 での経路は簡単な例であり，形状の次元，特に非対称の形状が含まれると，多数の経路を考慮しなければならない（非対称とは，異なる原子核の組み合わせが終状態となり核分裂片となることを意味する）．そしてその経路が核分裂の分裂片の分布を決めるので，核分裂の定量的理解に極めて重要である．

この場合は，$(V(\xi) - E)$ の最小値（谷底と尾根）を追うアルゴリズムを組んで計算すると，思わぬ遠回りをして，不合理としか思えない経路を選んでしまう可能性がある．メラー (P. Möller) らは 5 次元のポテンシャルに対して等エネルギー面をスキャンするように上げていき，そこで仮想的に"水"をため，その水が急に溢れるエネルギーを調べることで峠点（または鞍点，saddle point）を探すアルゴリズム（彼らは「洪水法」，「ダム法」と呼んでいる）を開発している．

一方で，核分裂をポテンシャル内の仮想的粒子の拡散過程として扱い，その

時間発展を追う試みがある．原子核の形状パラメータはその値一点一点が形状に対応する．この形状パラメータを（解析力学における）一般化座標として，その共役の一般化運動量を定義し，運動方程式を設定する．その際に原子核内での "温度" に関連した摩擦項とランダム力を用意し，その運動学的な時間発展を計算する．これがランジュバン方程式である．毎回ランダムな初期値から仮想粒子をポテンシャルを運動させ，それを数万回，数十万回統計をとることによりポテンシャル上のどの経路を通ったの頻度が得られ，これが核分裂片質量分布に対応する，というものである．

この手法はポテンシャルを用意できれば原理的には計算可能である．手法そのもは古典力学的な枠内であるが，ポテンシャルを通して殻構造の情報が含まれている．現在は 2 中心殻模型での 3 形状パラメータ（3 次元）計算が中心であり，近年では 4 次元計算も行われている．この計算は摩擦を受けながらエネルギーを散逸しつつ経路を進んでいくが，古典力学的手法であるためトンネル効果を扱っているわけではない．その意味で核分裂障壁より比較的高い（10〜60 MeV 程度の）励起状態からの振る舞いがその対象であり，自発核分裂のような場合で言えば対称分裂，非対称分裂の割合がどの程度であるか，といった評価にとどまっている．しかし原子核の形状発展を時間で追うことが可能であり，様々な途中経過をスナップショットで見ることが可能である．ランジュバン方程式は高い励起状態からのエネルギー散逸を記述できるということから，この手法はむしろ次章で説明する原子核合成過程の計算で広く利用されている．

この方面はランジュバン方程式のような古典力学的散逸過程ではなく，量子力学に基づいた計算も提案されつつある．今後新しい進展が見られるかもしれない．

5.6　原子核の存在の範囲〜超重核の安定の島〜

5.6.1　超重核の安定の島の指摘

^{208}Pb や ^{238}U より原子番号の大きい原子核に安定な原子核が存在するかも

しれない，という指摘は 1960 年代末 1970 年代頃になされた．超重元素の定性
的な予言の最初のものはマイヤース (Myers) とスフィアテッキ (Swiatecki) の
液滴模型に殻補正と変形を取り入れた質量公式の論文とされている（1966 年）．
彼らは $Z = 126$，$N = 184$ の原子核の核分裂障壁が $9.0\,\mathrm{MeV}$ となり，$^{238}\mathrm{U}$ の
$5.8\,\mathrm{MeV}$ よりも大きくなるというものであった [3]．

　安定の島の具体的は記述および超重核の半減期の具体的提示はフィセット
(E.O. Fiset) やニルソン (S.G. Nilsson) で，図 5.12 はフィセットによる予測図
である（1972 年）．

　これによると，$Z = 114$，$N = 184$ に閉殻（図左上の核分裂部分半減期で見
るとわかりやすい）を生じる模型で計算しているが，自発核分裂部分半減期，α
崩壊部分半減期，β 崩壊部分半減期をそれぞれ計算し，最後にその逆数（部分崩
壊定数）の和（崩壊定数）の逆数が全半減期である．そのように計算すると半

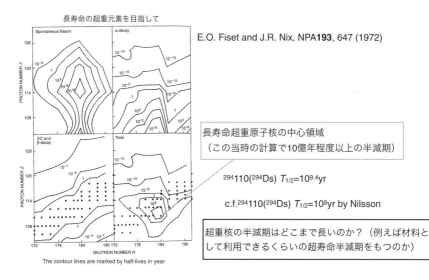

図 **5.12**　1970 年代に予想された核図表上の超重核の安定の島．左上は自発核分裂部分
半減期，右上は α 崩壊部分半減期，左下は β 崩壊部分半減期，右下が 3 崩壊
をまとめた全半減期．論文では $^{294}\mathrm{Ds}$ が最も半減期が長く，$10^{9.4}$ 年（17.8 億
年）としている．同時期の別の計算では 10^8 年（1 億年）の報告もあった．

減期が長い領域が島のように浮かび上がる．その中心は原子番号 110 の ^{294}Ds となっている．^{294}Ds は α 崩壊が優勢（他の部分半減期より短い）で，その値は Q_α を 5.5 MeV と計算し，$10^{9.4}$ 年（25 億年）の値を与えている．対象が 2 重閉殻魔法核 ^{298}Fl でないのは，α 崩壊は Z が小さいほうが半減期が長くなることを考慮した結果である．β 安定線から外れると，β 崩壊により全半減期が短くなるし，核分裂部分半減期が $Z = 114$，$N = 184$ を中心に長くなっているとそこから外れすぎると全半減期が短くなる．^{294}Ds はこの計算における β 安定核（$Q_{\beta-} < 0$，かつ $Q_{\rm EC} < 0$）なので β 崩壊せず，かつ自発核分裂部分半減期の影響は（極めて長いので）受けていない．

その予測半減期の長さ（^{40}K に匹敵し，桁の評価では ^{235,238}U 相当）は，太陽系の形成年代（47 億年）との比較から，例えば隕石にその痕跡がないかとか，星の爆発的元素合成で作られていないかとか，物性的にはどのような性質だろうかなど，様々な興味をもたれていた．この半減期の長い原子核で生成される元素を狭い意味で超重元素と呼ぶ．

現在は超重元素は，どうもそれほど長い寿命ではないようだという予想がされている．例えば図 5.13 は 1997 年に出された別の理論計算の例である．この計算の詳細は省くが，この島の中で最も半減期が長いのは 30 年程度で，^{287}Mt，^{291}Ds，および ^{292}Ds とのことである．

それでも現時点での超重元素合成実験で生成される原子核よりは顕著に長い半減期が理論予測されている．ここでは，筆者の計算模型を用いて超重核の安定の島およびこの超重元素を求めてみよう．

5.6.2　半減期を用いた範囲
超重核の半減期計算に必要なのは

- Q_α，Q_β，$Q_{\rm p}$ などを計算するのに必要な原子質量模型計算（超重核を含む）
- α 崩壊部分半減期を計算する手法
- β 崩壊部分半減期を計算する手法
- 自発核分裂部分半減期を計算する手法

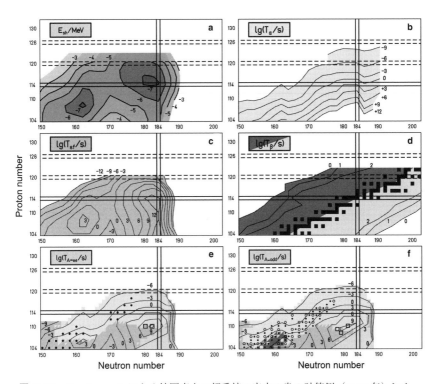

図 5.13 Smolanczuk による核図表上の超重核の安定の島の計算例（1997 年）[63].

● 陽子放出裂部分半減期を計算する手法

で，核崩壊の競合を扱う必要がある．原子質量模型計として KTUY 質量公式を
用いる．原子核の各崩壊は説明したとおり，独立事象であるので，各崩壊計算
で得られた半減期ごとに崩壊定数 λ_i を求め，最後にそれらをすべて合計して全
崩壊定数とすればよい．α 崩壊，β 崩壊については本章で紹介した模型で計算
する．自発核分裂については α_2, α_4, α_6 とし，式 (5.36) で 1 次元 WKB 近似
計算を行った．質量は定数 × 換算質量とし，定数値は実験の自発核分裂部分半
減期を再現できるように最適化して求めた．これに平均的偶奇因子項を加えた
ものを用いる．2 陽子放出については α 崩壊と同様な計算で，1 陽子放出は角
運動量 l による遠心力障壁透過の影響が大きいので l を単一粒子準位から与え，

1体場核力ポテンシャル＋クーロンポテンシャル＋遠心力ポテンシャルの透過
計算を行った.

　各原子核崩壊の部分半減期の計算を行い，どの崩壊様式が優勢になるかを調
べ，全半減期を求めるわけであるが，この際問題になるのはα崩壊のところで
議論したクーロン障壁の裾野の問題である．陽子側ではクーロン障壁の裾野が
Z に応じて徐々に大きくなり，その荷電粒子放出の半減期も徐々に短くなる．
この場合，中性子ドリップ線のような明確な境界線は存在しない．そこで半減
期の下限を適当に決めるしかない．ここでは1ナノ秒 (10^{-9} 秒) までとした．

　安定の島の形を決める主な要素は核分裂障壁である．図 5.14 に球形基底
(KTUY) の方法で計算した各原子核の核分裂障壁の高さを核図表上にプロッ
トしたものを示す [64]．$N = 184$，そして $Z = 114$, 126 に核分裂障壁の高い部
分があり，これが安定の島の大まかな範囲を決定している．

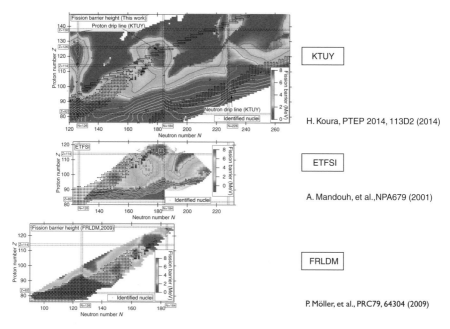

図 **5.14**　いくつかの理論計算による超重核領域の核分裂障壁の計算（口絵 10 参照）.

　計算の模型依存性の理解の助けのため，他の模型計算として ETFSI（Skyrme
力をもとにした巨視的微視的計算），FRLDM（FRDM の改良版）[65] の核分裂
障壁も併記した．実験値との比較はすでに図 3.15 に示した．KTUY と ETFSI
は安定の島の位置や，$Z = 110$，$N = 170$ を中心とした"盆地"の位置などが
似た傾向にある．一方 FRLDM は少々異なった傾向を示している．

　この"盆地"について，ドイツ GSI，理研，ロシアドブナで観測された α 崩壊
連鎖の位置と比較したのが図 5.15 である．ドブナの「熱い融合反応」で合成さ
れた原子核は α 崩壊連鎖の後，すべてが自発核分裂で終了した事象として観測
されている．この図には図 5.14 の KTUY の計算の拡大図が載せてあるが，そ
の終了の場所が核分裂の"盆地"の場所とおおむね一致している．この領域は
核分裂をしやすい領域であったのである．

　理研とロシアドブナの間での 113 番元素発見の優先権の決め手となったのは
理研のデータが既知核を α 崩壊で貫いたからであり，一方でドブナのデータは

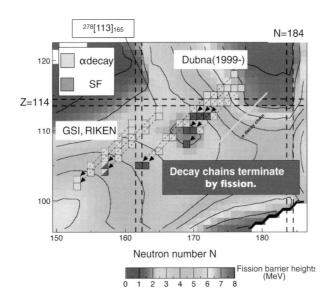

図 **5.15**　ドブナの熱い融合反応による α 崩壊連鎖の核分裂による終了の位置と理論計
算による核分裂障壁の"盆地"の位置比較（口絵 11 参照）.

自発核分裂で崩壊連鎖が止まってしまい，既知核種にたどり着けなかった．この違いが日本にニホニウムをもたらしたとも言えるかもしれない．

　ともあれ，この領域には核分裂が強く起こりうる領域が分布しており，これが安定の島の形に影響する．

5.6.3　超重核の安定の島〜崩壊様式〜

　以上によって得られたのが図 5.16 である [66]．この図は個々の原子核において主要な崩壊様式を，全半減期が 1 ナノ秒以上の原子核の範囲でプロットしている．主要な崩壊様式とは部分半減期が一番短い崩壊様式のことである．実験的に測定された主要な崩壊様式の核図表上の分布（図 5.2）と比較すると，おおむね実験を再現している．

　この図がどのように作られたのか，各崩壊様式の部分半減期の変化を $Z = 101$

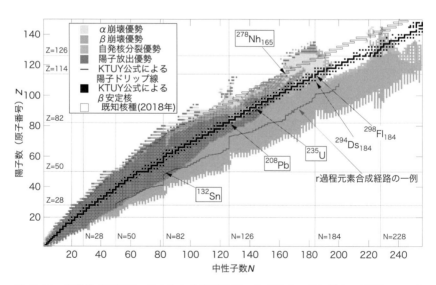

図 **5.16**　崩壊様式予想図．得られた全半減期が 1 ナノ秒 (10^{-9}s) 以上の核種について描いた．^{208}Pb 以上では α 崩壊が優勢となる領域が広く表れ，さらにその先に自発核分裂優勢領域が分布しているのが示されている．図中の r 過程元素合成経路は KTUY 質量公式を用いたカノニカル計算によるものである（口絵 12 参照）．

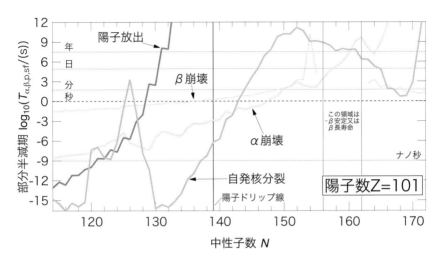

図 **5.17** 部分半減期の推移．陽子数 $Z = 101$ 原子核の例．部分半減期間で最も短いものが優勢な崩壊様式となる．図中の陽子ドリップ線は 1 陽子または 2 陽子分離エネルギーが 0 となる線である．陽子放出と α 崩壊の部分半減期は中性子不足（図の左）側から β 安定側に向かうにつれて比較的単調に増加する．両者では陽子放出のほうが変化は急である．一方，自発核分裂部分半減期は核構造に非常に敏感に影響を受けている．β 崩壊は弱い相互作用による崩壊であり，短くてもせいぜい 0.1 ミリ秒程度である．中性子数 126 近辺で自発核分裂部分半減期が急に大きくなっているが，これは中性子閉殻構造によるもので，この核種領域で核分裂障壁が高くなっている．このため図 5.16 の対応する領域では"岬"形状の核種領域を形成している（口絵 13 参照）．

の同位体に沿って見てみよう．

　図 5.17 は $Z = 101$ の同位体における各部分半減期である．この中で一番変動が大きいのは自発核分裂である．部分半減期は $N = 126$ 近辺で大きく値を上げ，中性子数を不安と急に下がった後，$N = 150$ あたりまで急激に大きくなる．その後 $N = 168$ 付近まで下げ，また増加している．結果として $128 < N < 142$ の比較的広い領域に，$N = 168$ の狭い領域に核分裂が主要となる原子核が存在する．

　これをもとに再び図 5.16 に戻ろう．いま説明したとおり，$128 < N < 142$ 付近，そして $N = 168$ 付近では自発核分裂優勢な領域が分布していることがわかる．

　図5.16には ^{298}Fl^{184}, ^{310}[126]^{184} を中心とした丸い領域が分布している．こ
れが「超重核の安定の島」である．この縁は主に自発核分裂の影響で（半減期
が短く）形作られている．この自発核分裂は $Z = 106, N = 168$ を中心とした
領域にも分布している．この領域はドブナの α 崩壊連鎖が自発核分裂で終了し
た領域であることは前に説明した．

　118番元素までの命名の時点で原子核の合成はちょうど島の中心にきつつあ
るといったところであろうか．これから119番，120番と新たな原子核を合成
し，島を貫くように合成する領域を広げていくと期待できよう．

5.6.4　超重核の安定の島～半減期～

　安定の島での半減期がどのようになっているかを図5.18に示す．半減期の最
長はフィセットやニルソンと同じく ^{294}Ds である．その半減期はおよそ300年
という結果となった．崩壊様式は α 崩壊である [61]．半減期がフィセットらと

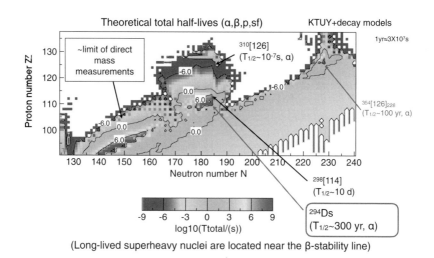

図 **5.18**　超重核領域の全半減期．等高線は 10^6 秒ごとに引いた（1年 $\approx 3 \times 10^7$ 秒）．
典型的な2重閉殻魔法核 ^{310}[126]，^{298}Fl および超重核領域で最も半減期の長
い核種となった ^{294}Ds についても記した．また，次の超重核の"半島"である
^{354}[126] の半減期も記した（口絵14参照）．

比べて短くなったのは，KTUY 公式から得られた α 崩壊 Q 値が $6.84\,\mathrm{MeV}$ と大きい値になったからである．この値は例えば FRDM1995 でも $6.95\,\mathrm{MeV}$ と同程度であり，近年の他の質量計算でも似たような結果のようである．一方で 2 重閉殻魔法数について見てみると，$^{298}\mathrm{Fl}$ で 10 日程度，$^{310}[126]$ で 10^{-7} 秒の結果（どちらも α 崩壊核種）となっている [61]．この α 崩壊半減期の確からしさを評価しておこう．このあたりの原子核では Q 値が，$2\sim300\,\mathrm{keV}$ ずれると半減期が 1 桁変わる．質量模型の実験値への平均 2 乗偏差は質量値に対しては $600\sim700\,\mathrm{keV}$，その差分である Q 値や分離エネルギーに対しては，おおむね $500\,\mathrm{keV}$ 以下である．外挿となる未知超重核に対してこの数字を利用するのは慎重になる必要があるが，あえて見れば $^{294}\mathrm{Ds}$ の半減期は控えめにいっておよそ 3 年から 3 万年程度といったところであろうか．

核構造の観点では 2 重閉殻魔法数を調べ，その閉殻性を知ることは大変興味がある．その一方で寿命が長い原子核はその物性的な性質を見ることができるかもしれない，といった原子核物理にとどまらない興味が生じる．元素の周期表で言えばダームスタチウム Ds は第 10 属元素であり，ニッケル，パラジウム，白金と同族である．Ds が白金と同じ光沢をもつか，それとも元素の相対論効果でその性質が同族から外れるかもしれない．これも大変興味が湧くところである．

5.6.5 超重核の安定の半島～次の領域へ～

ここまで触れなかったが，超重核の安定の島を計算する過程で別の安定の領域を示唆する結果が現れている．それは図 5.16 および図 5.17 で $N=126$，および $N=228$ に沿って生じている "半島" である．これは KTUY 計算で得られた核分裂障壁にその構造が現れていて（図 5.14），これは $N=126,184,228$ という中性子魔法数が周期的に現れるからである．これにより核分裂障壁が高く（大きく）なり，安定性が増す，という効果となっている．$N=126$ については最近少しずつ，この領域の原子核が合成されているようである（KTUY の予想ほど強く出ていないようだが）．

一方，$N=228$ は現時点では実験的に合成がほとんど不可能である．しかし

半減期で言えば（図 5.17），この半島の半減期の最長は $^{354}[126]_{228}$ で 100 年程度という計算結果を得ている．安定の島の 126 番元素 $^{310}[126]_{184}$ が 10^{-7} 秒と比べると，元素としての対象として魅力的な長い半減期である．

　こうしてみると，原子核の存在領域はいわゆる "安定の島" の範疇では収まりきらないように見える．最後の第 7 章でこの問題に触れたい．

第6章

超重元素を作る
～原子核融合反応～

この章では超重原子核の合成の物理について述べる．特に

(1) 熱い融合反応と冷たい融合反応

(2) 3ステップ反応

(3) 複合核と統計模型

に焦点を絞って紹介する．超重元素の合成反応は，強いクーロン斥力のもとでの融合・分裂反応であり，準核分裂など，従来の核反応理論では重要視されていなかった新しい特徴をもっている．本稿では，主に複合核模型のもとでの揺動散逸動力学の観点から合成反応について述べる．

6.1 原子核反応の基本事項

反応の説明に入る前に，基本事項として反応 Q 値および断面積について簡単に説明する．

6.1.1 反応 Q 値

原子核の反応において，原子核の質量はその陽子・中性子の組み合わせに応じて質量が変わる．これは原子核の結合エネルギーが増加したり減じたりしたからである．その質量は $E = mc^2$ の関係にあり，エネルギーと等価である．反応 $\alpha \to \beta$ が起こったとき，反応後の原子の全質量と反応前の全質量の差

$$Q = \sum_{i \in \alpha} m_i - \sum_{j \in \beta} m_j \tag{6.1}$$

（m_i は原子（電子も含める）の質量）をその反応 Q 値と呼ぶ．

例えば原子力エネルギーとして期待される核融合反応の DT 反応 (D=^{2}H, T=^{3}H)

$$^2\mathrm{H} +^3\mathrm{H} \to {}^4\mathrm{He} + \mathrm{n} \tag{6.2}$$

の場合は，質量超過を用いた場合（MeV 単位），

$$\begin{aligned}
Q &= (m_{2\mathrm{H}} + m_{3\mathrm{H}}) - (m_{4\mathrm{He}} + m_{\mathrm{n}}) \\
&= (13.136 + 14.950) - (2.425 + 8.071) \\
&= 17.590
\end{aligned} \tag{6.3}$$

と [1] 正となり，発熱反応である．一方，第 1 章で触れたアメリカのバークレーの 96 番元素 Cm の合成反応

$$^{239}\mathrm{Pu} + {}^4\mathrm{He} \to {}^{242}\mathrm{Cm} + \mathrm{n} \tag{6.4}$$

の場合は

$$\begin{aligned}
Q &= (m_{239\mathrm{Pu}} + m_{4\mathrm{He}}) - (m_{242\mathrm{Cm}} + m_{\mathrm{n}}) \\
&= (48.588 + 2.424) - (54.804 + 8.071) \\
&= -11.863
\end{aligned} \tag{6.5}$$

と負となり，吸熱反応である．どちらもクーロン斥力に抗って原子核同士を接触しなければならないが，DT 反応の場合は接触しさえすれば融合する．一方，^{239}Pu $+^4$He 反応の場合，まずは足りない 11.863 MeV のエネルギーを投入することが融合を起こす最低条件である（その上でクーロンエネルギーを超えていることが必要である）．このエネルギーは（重心系での）^{4}He の運動エネルギーとして持ち込まれる．

この反応では入射粒子が $|Q|$ 以上の運動エネルギー（重心系）がないと反応は起こらないのでこれを閾（しきい）値という．

---

[1] 17.590 MeV のうち ^{4}He に 3.518 MeV が，n に 14.072 MeV が分配される．

実際の実験は実験室系で行われるのでエネルギーの換算をしてみる．陽子，中性子，α 粒子のような核子や原子核が入射粒子である場合は，入射粒子の質量を M'，標的核の質量を M とすると，非相対論的な範囲で，入射粒子の実験室系での運動エネルギー E_{lab}（標的核は初め静止していたとする）と重心系での運動エネルギー E_{CM} は，

$$E_{\mathrm{CM}} = \frac{M}{M + M'} E_{\mathrm{lab}} \tag{6.6}$$

という関係で結ばれている．$Q < 0$，つまり吸熱反応のとき，実験室系での閾値 E_{thresh} は

$$E_{\mathrm{thresh}} = \left(1 + \frac{M'}{M}\right)|Q| \tag{6.7}$$

である．先ほどの $^{242}\mathrm{Cm}$ 合成の例では

$$E_{\mathrm{thresh}} \approx \left(1 + \frac{4}{239}\right) \times 11.863$$
$$= 12.06 \tag{6.8}$$

となり，実験室系で 12.06 MeV の α 粒子のエネルギーが必要となる．

発熱反応から吸熱反応に変わるかの核図表上での目安として前章図 5.6 のクラスター崩壊のドリップ線が参考になる．この図のドリップ線から，$^4\mathrm{He}$, $^{12}\mathrm{C}$, $^{24}\mathrm{Mg}$ ビームでの融合反応の Q 値の見当がつき，ドリップ線を境界として重い原子核の側が Q 値が負，つまり吸熱反応となる（崩壊の娘核側の原子核を標的として見直して読み取る）．

超重核合成にはこの閾値付近でのエネルギーおよびそれより多少大きい程度（50 MeV 程度）のエネルギーでの反応を対象とすることになる．実際には原子核同士の反応にはクーロン斥力があり，それとの兼ね合いがある．その点は後ほど論じる．

6.1.2 断面積

(a) 断面積の定義

核反応を観測するには入射粒子の流れ（ビーム）を標的に当て，反応の結果

放出される粒子を観測する．入射ビームの強さはビームに垂直な単位面積を単位時間に通過する粒子の数で測る（個数/(面積·時間)）．この数を流速またはフラックスと呼ぶ．入射ビームによってある事象が起こる確率は

$$\sigma = \frac{\text{その事象が起こる単位時間あたりの回数}}{\text{入射ビームのフラックス}} \tag{6.9}$$

という量で表す．この σ を断面積 (cross section) と呼ぶ．この量は面積の次元をもつ．原子核の幾何学的断面積は 10^{-15} m=1 fm として，$10\sim200$ fm^2 である．そこで 100 fm^2 を 1 b（バーン，barn）とし，これを断面積の単位をとる．これはウランに中性子を当てたときの断面積の大きさとした名残である．

実際には原子核反応には入射粒子はビームとして単位時間あたりの入射粒子 I を与え，相手として標的を用意する．標的には単位面積あたり原子核 n, といったように設定する．そして反応を起こす断面積 σ という物理量のもと，単位時間あたりに起こる反応の数 N は

$$N = n\sigma I \tag{6.10}$$

と積で書ける．

(b)　超重元素実験における実際の見積もり

実験での大雑把であるが具体的な見積もりをしてみよう [67]．実際の実験では原子核反応の断面積 σ, 標的の単位面積あたりの個数 T（これを標的の Thickness と呼ぶ），ビームの強度 I(Intensity) に加えて，検出側の効率 ε がある．これらを用いて，単位時間あたりに反応を起こす数は

$$Y = \varepsilon \sigma T I \tag{6.11}$$

である．

一般にビーム電流 I_1 pμA, 標的の厚さ $T_1 \times 100\,\mu$g/cm^2, 断面積 σ_1 pb としよう．標的内の原子核の数は（N_A：アボガドロ数），

$$N_A \times \frac{T_1 \times 00 \times 10^{-6}}{A} = 6.02 \times 10^{-23} \times \frac{T_1 \times 100}{208} \times 10^{-6}$$

$$\approx T_1 \times 2.9 \times 10^{17}(\text{atom/cm}^2), \qquad (6.12)$$

$I_1 \text{p}\mu\text{A}$ ビーム内のイオンの数は

$$I_1 \times 10^{-6}(\text{atom} \cdot \text{C/s})/(1.6 \times 10^{-19}(\text{C})) = I_1 \times 6.3 \times 10^{12}(\text{atom/s}), \quad (6.13)$$

これをもとにすると合成した原子核の時間あたりの生成量は

$$\begin{aligned}
Y(1/\text{s}) &= \varepsilon \times \sigma_1 \times 10^{-36} \times T_1 \times 2.9 \times 10^{17} \times I_1 \times 6.3 \times 10^{12} \\
&\approx 1.83 \times 10^{-6} \times \varepsilon \sigma_1 T_1 I_1 (1/\text{s}) \\
&\approx 0.158 \times \varepsilon \sigma_1 T_1 I_1 (1/\text{day}) \\
&\approx \varepsilon \sigma_1 T_1 I_1 /(6.3\,\text{day}) \qquad (6.14)
\end{aligned}$$

となる.

理研で行われた $^{208}\text{Pb}(^{64}\text{Ni},1\text{n})^{265}\text{Hs}$ 合成実験での例では $200\,\mu\text{g/cm}^2$ の ^{208}Pb 標的を用意し, ^{64}Ni ビームを荷電粒子 (particle) の電流値で $1\,\text{p}\mu\text{A}$ 出ると見積もって実験の予想を立てた. 実験セットの効率を $\varepsilon = 0.5$ とすると, $T_2 = 2$, $I_1 = 1$ であるから $\sigma_1(1/6.3\,\text{day})$ となる. つまり $10\,\text{pb}$ なら 1 日に 1.6 個, $1\,\text{pb}$ なら 6.3 日に 1 個, $0.1\,\text{pb}$ なら 63 日に 1 個という勘定となる. 効率は既知の反応の断面積と実際の合成との比較や, GARIS であれば, 例えばガス中の輸送効率のエネルギー依存性, 入射粒子と合成原子核の質量比などの系統性から求められる.

6.2 冷たい融合反応と熱い融合反応 〜生成断面積の著しい減少〜

さて, 超重核の合成について述べる最初として, 実験で得られた超重核の生成断面積について見てみよう. 図 6.1 はこれまでに実験で測定された超重核の生成断面積のまとめである. 冷たい融合反応 (a) と熱い融合反応 (b) とに分か

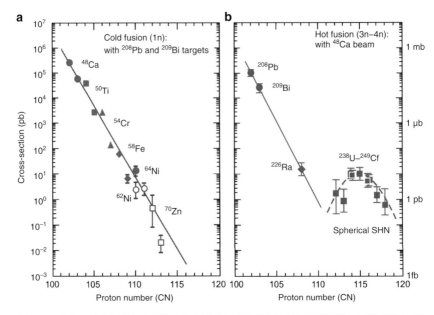

図 **6.1**　冷たい融合反応および熱い融合反応とで測定された残留断面積の比較．縦軸：最
終的に原子核を合成した断面積．横軸：合成した原子核の陽子数（原子番号）．
(a) 冷たい融合反応．中塗りの印は，1n 反応の励起関数を測って得られた最適な
エネルギーでの最大断面積．空いた印は，実験した範囲で最大の断面積であるが
最適なエネルギーでの最大の断面積かどうか確認されていないもの．印に付した
原子核は入射ビームで，標的は ^{208}Pb または ^{209}Bi（横軸の位置で区別できる）．
(b) 熱い融合反応．すべて ^{48}Ca 照射での結果．^{208}Pb および ^{209}Bi の印は No
（原子番号 102）および Lr（同 103）を ^{208}Pb および ^{209}Bi 標的で合成したと
きの 3n 反応の断面積（1984 年）．^{226}Ra の印は同標的で ^{270}Hs を 4n 反応で合
成したときの断面積（2013 年）．Spherical SHN（球形超重核）の領域について
は，3n 反応と 4n 反応が同程度主要であるので，ある入射エネルギーに対して
両者の和が最も大きい断面積とした．この領域の標的原子核は ^{238}U，^{237}Np，
^{242}Pu，^{244}Pu，^{243}Am，^{245}Cm，^{248}Cm，^{249}Bk，そして ^{249}Cf である．それ
ぞれが 112〜118 番元素の合成に対応する（2013 年）．線とカーブは系統性のガ
イドとして描いた．文献 [68] を引用．

れて描いている．

　まず目につくのが陽子数の増加に対して，対数で減少する断面積である．
1 pb＝10^{-12} b であるので原子核の幾何学的形状からくる断面積よりずっと低い

断面積の中で減少しており，しかも最小は冷たい融合反応 (cold fusion) で 10^{-2} pb=10 fb にまで至っている．これが理研で合成した ^{278}Nh である．理研の実験がどれだけ厳しかったかがわかる．このような断面積が絶対値として小さいのに加えて急激な減少が超重核の合成の特徴である．

　一方，熱い融合反応を見て気がつくのは，まず指数関数的に減少する断面積は同様であるが，陽子数 110 を超えたところで断面積の下がりが止まり，116 番あたりを最高に，10 pb から 1 pb 程度の範囲に "とどまって" いる．これは 2000 年前後からだんだんわかってきた特徴で，冷たい融合反応と異なり，熱い融合反応は生成を助ける何か要因があるようである．

　このあたりを理解するには，このような原子核反応の機構を見る必要がある．以下，低エネルギー反応における複合核の概念と，それに伴う反応の多段階の過程について説明する．

6.3　複合核

　原子核の反応は，本来であれば入射粒子と標的核のすべての核子に対する 2 核子相互作用を考慮した多体の反応（散乱）問題を解く必要がある．この方面では，例えば 1 粒子波動関数の（反対称）積で記述した時間依存のハートリー・フォック方程式を適切な 2 体核力（3 体力を含む）で解く方法がある．

　しかし原子核が低エネルギーで合成される反応を調べてみると，反応にはいくつかの段階を経て合成に至る，という描像がよく成り立ち，それぞれの段階を調べることで各反応過程での振る舞いが理解されるようになった．その背景にあるのが，ここで紹介する複合核模型である．

6.3.1　複合核模型

　例えば電荷のない中性子を標的核に低いエネルギーで衝突させてみる．この中性子は核内の核子と相互作用をして入射エネルギーは多くの核子に分配され，個々の核子はどれも核外に脱出するのに必要なエネルギーをもつことはで

きず，その結果，全体が一種の準束縛励起状態となる．このような状態が複合核 (compound nucleus) 状態である．複合核状態では寿命の長い準束縛状態であり，実際中性子の場合，有限の寿命の準位がもつエネルギー幅（これを崩壊幅と呼ぶ）$\Gamma = \hbar/\tau$ が eV の程度で観測されている [35]．この準位は中性子がそのエネルギーで入射するときに大きい断面積となって現れる，これを共鳴と呼ぶ．この共鳴の寿命 τ は $\sim 10^{-16}$ 秒に相当する．中性子が原子核をこの実験程度のエネルギーですり抜ける時間は 10^{-22} 秒程度であり，また，中性子が原子核の1粒子状態で運動するとすれば，MeV の程度の崩壊幅となるはずである．複合核準位はそれらに比べて6桁ほど長い状態を保っていることを意味し，原子核はこのような状態を作る系である．

　中性子のエネルギーが上がると，上記の共鳴状態は重なり（間隔が狭まり，共鳴幅が広がり），いずれ断面積は連続状態となる（前平衡過程）．さらにエネルギーを上げると原子核の単一粒子に代表する構造に関わる反応を起こすようになり，離散的な断面積ピークをもつようになる（直接過程）．前平衡過程は核子の粒子と空孔の描像で記述することが可能であり，直接過程は核子の1粒子状態が関わる反応である．これに比べて複合核状態は原子核全体が渾然一体となった平衡状態となったとみなす描像であり，そのため例えば複合核を形成した入射粒子の情報が失われ（過去の経緯によらない），複合核形成の過程とその後の崩壊の過程は独立に扱うことができ [67]，また平衡状態としての原子核の"温度"を定義できる系とみなせる，といった扱いが妥当となる．

6.3.2　統計模型

　中性子が原子核に取り込まれ，複合核状態になった瞬間はまだ高励起状態である．通常は γ 線を放出（γ 崩壊）しながら基底状態に脱励起していく．その途中で中性子，陽子，α 粒子が放出可能（それぞれの分離エネルギーより励起エネルギーが高い）であれば，γ 崩壊と粒子放出が競合しながら粒子放出をし，その分だけ別の原子核に移り，その原子核の基底状態に遷移する（2n, 3n のように複数回起こってもよい）．このように粒子放出により脱励起する場合を蒸発 (evaporation) 過程と呼ぶ．

　励起エネルギーが核分裂障壁より高ければ（ある程度低くても障壁のトンネル効果により），核分裂との競合過程が起こる.

　このような脱励起の崩壊過程は，核データの分野で古くから研究されており，いわゆる統計崩壊模型と呼ばれる手法が広く適用され，この問題を扱う際に広く使われ，既知の原子核への再現性において（および近傍原子核の予測において）大きな成果を上げている. ただしそこには原子核の状態密度，原子核質量（殻補正エネルギー，分離エネルギーの導出にも必要）などが計算における入力パラメータとなっている. 未知の，またはほとんどわかっていない超重核へ適用する場合に，それらをどのように予測するかという点で大きな不定性が生じる，という問題がある.

6.3.3　原子核同士の複合核反応〜多段階過程〜

　複合核状態は中性子に限らず，入射粒子が陽子でも原子核でもエネルギーがある程度低ければ複合核状態を形成していると考えられる. 中性子の場合と大きく異なる点は，荷電粒子の場合はクーロン障壁（＋核力ポテンシャル）の透過を経由する必要が生じる点であり，さらに 2 つの球状（変形してもよい）の原子核が複合核として一体となる形状発展の過程である（中性子入射や軽イオン程度の原子核の場合は事実上無視してよい）.

　原子核同士の融合反応の各段階を示した模式図を図 6.2 に示し，この図に従って以下説明する.

(a)　接触〜クーロンポテンシャルの透過〜

　2 個の原子核が接近したとき，この原子核はクーロンポテンシャルを受ける. そして接触する距離のあたりから核力ポテンシャルを合わせた，有限の高さのポテンシャルとして感じる. そして接触までに，このポテンシャルに対する透過 (transmission) が起こる. 入射粒子のエネルギーがポテンシャル障壁の高さより低ければ，特にトンネル効果と呼ばれる透過が起きる.

　クーロン障壁を乗り越え接触点まで到達した断面積を捕獲断面積 (capture cross section) と呼ぶ. その断面積は

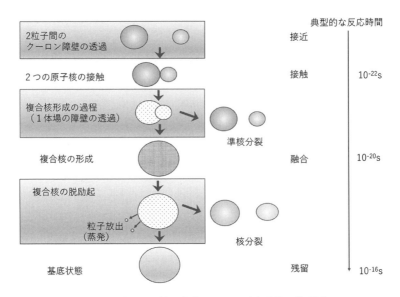

図 **6.2**　重い原子核の合成における反応過程の模式図.

$$\sigma_{\mathrm{cap}}(E) = \pi \lambda^2 \sum_{l=0}^{\infty} (2l+1) P_{\mathrm{cap}}(E, l) \qquad (6.15)$$

と書かれる. l は 2 つの原子核の間の相対角運動量である. 原子核同士の衝突の場合, 真正面の衝突ならば角運動量 l は 0 であるが, 実際には多少外れて衝突する成分も当然存在する. それが l の重みつき和で表されている. $P_{\mathrm{cap}}(E, l)$ は接触点までにクーロン障壁（＋核力ポテンシャル）を透過する, 各 l ごとの透過確率である[2]. ここで λ は入射原子核のドブロイ波長を 2π で割ったものであり, $\pi \lambda^2$ はこの原子核の（入射粒子のエネルギーと関連づけられた）幾何学的断面積程度に相当する.

(b)　融合〜複合核の形成〜

1 体場の描像では, 接触する距離の付近から原子核が 1 体となったポテンシャ

---

[2] ここでの P_{cap} は P_{stick} とも表記される. その場合は障壁よりエネルギーの高い場合を意味することが多い.

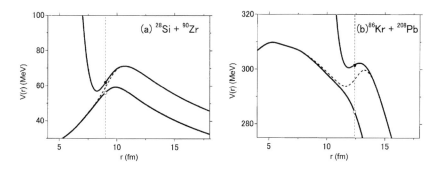

図 **6.3** 複合核に至るまでの重イオン間ポテンシャル. 各図の上の線は 2 つの原子核が離れている場合のポテンシャル（透熱 (diabatic) ポテンシャル），下の線は接触後の 1 体ポテンシャル（断熱 (adiabatic) ポテンシャル）. 2 つの原子核はまず上の線のポテンシャルを感じ，接触点付近で乗り換える形で，下の線のポテンシャルを感じて運動する. 幾何学的な接触点は図中の丸点であるが，実際には破線で接続したようなポテンシャルを感じるはずである. 文献 [69] より引用.

ルを感じ始めるとみることができる. 図 6.3 は 2 個の原子核が離れているときのポテンシャルから 1 体となったポテンシャルに移るとした計算例である. 前者を透熱 (diabatic) ポテンシャル，後者を断熱 (adiabatic) ポテンシャルと呼ぶ.

図 (a) の ^{28}Si+^{90}Zr の場合，接触の時点でクーロンポテンシャルを透過しており，かつ 1 体場の断熱ポテンシャルは $r \to 0$ の方向に下った坂として感じる. 1 体となった原子核がこのポテンシャルを利用して球形である複合核に移行していく. 一方，図 (b) の ^{86}Kr+^{208}Pb の場合，接触の時点からの断熱ポテンシャルは球形の形状に向かった大きな登り坂が横たわり，これをさらに乗り越える必要がある. この効果のため，複合核に至る融合過程は阻害される. 結果として核分裂を起こすが，これを準核分裂 (quasi fission) と呼ぶ. 準核分裂は衝突させた元の 2 つの原子核を反映した核分裂質量分布を示し（2 つの原子核の衝突の経緯を反映している）[3]，複合核形成後に起こす核分裂とは質量分布を始めとした性質は異なっている（たまたま一致する場合もある）.

実験的には 2 つの原子核の電荷 Z_1, Z_2 の積 $z = Z_1 \times Z_2$ が目安を与え，$z = 1600 \sim 1800$ 程度以上で融合阻害 (fusion hindrance) が起こるとされてい

---
[3] 深部非弾性散乱 (deep inelastic collision) として議論する扱いもある.

る[4]．これが超重核の生成確率を下げる大きな要因の 1 つである．

　複合核を形成する，つまり融合するときの確率 P_{fus} は，捕獲した後，複合核を形成する確率（準核分裂が起こらない確率）P_{CN}[5] の確率が積としてかかり，

$$P_{\mathrm{fus}}(E, l) = P_{\mathrm{cap}}(E, l) P_{\mathrm{CN}}(E, l) \tag{6.16}$$

となり，融合確率は

$$\sigma_{\mathrm{fus}}(E) = \pi \lambda^2 \sum_{l=0}^{\infty} (2l + 1) P_{\mathrm{fus}}(E, l) \tag{6.17}$$

となる．$P_{\mathrm{CN}} = 1$（準核分裂が 0）であれば $\sigma_{\mathrm{fus}} = \sigma_{\mathrm{cap}}$ である．

6.3.4　脱励起〜蒸発過程と核分裂過程の競合〜

　複合核が形成された時点で原子核は励起状態にある．この状態から脱励起して基底状態に遷移していく．基本的には前述の中性子入射の場合に説明したとおりである．ただこの過程は超重核では確率が極めて低く，ほとんどが核分裂をしてしまう．蒸発過程で核分裂しないで残るのは超重核では核分裂 1 に対して 10^{-6} またはそれ以下の程度である．この割合は複合核が感じる核分裂障壁が低く（障壁幅が狭く）なればなるほど小さくなる．これも超重核の生成確率を下げる大きな要因の 1 つである．

　原子核が最終的に蒸発過程で残留し (evaporation residue)，生成される断面積は次のように書くことができる．

$$\sigma_{\mathrm{ER}}(E) = \pi \lambda^2 \sum_{l=0}^{\infty} (2l + 1) P_{\mathrm{fus}}(E, l) P_{\mathrm{surv}}(E, l) \tag{6.18}$$

　P_{surv} が複合核から脱励起をして基底状態に至る確率（生き残り確率, survival probability）を表し，超重核では 10^{-6} 程度となる．

---

[4] Mo+Mo 反応 ($42 \times 42 = 1764$) あたりから．
[5] P_{CN} は P_{form} とも表記される．

6.4 捕獲過程におけるクーロン透過〜変形の効果〜

2 つの原子核が衝突するとき，まず 2 つのクーロンポテンシャルおよび核力に対する障壁を透過するが，障壁より低いエネルギーではトンネル透過計算で精度良く扱うことができる．図 6.4 では ^{14}N+^{12}C の反応系と ^{16}O+^{154}Sm の反応系の捕獲反応（実験上は捕獲と融合は区別できないので $P_{\text{fus}} = 1$ として $\sigma_{\text{fus}} = \sigma_{\text{cap}}$ として扱う）の入射エネルギー（重心系）に対する断面積の実験値と計算値の比較である．^{14}N+^{12}C の場合（上図）では実験データとよく一致している．^{16}O+^{154}Sm の例は（下図），E_{CM} が 60 MeV より高いエネルギーではよい位置も見せる．60 MeV はこの系のクーロン障壁の高さに相当する．それ以下では破線が ^{154}Sm 原子核を球形としたときの計算結果で，その線と実験値は大きくずれている．実際，^{154}Sm はよく変形している原子核である．そこで原子核の変形およびそれに伴う回転励起が生じているとし，結合チャネル法と呼ばれる手法を用いて計算したのが実線である．その結果は実験データをよく再現できる．このことは，クーロン障壁より低くても，変形している原子核で

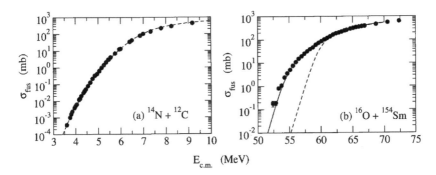

図 **6.4** 核融合反応断面積 σ_{fus} の実験データ（黒丸）とポテンシャル模型による計算値（破線）の比較．上図 (図 2(a)) は ^{14}N+^{12}C 系．下図 (図 2(b)) は ^{16}O+^{154}Sm 系の結果 $Z_1 \times Z_2 = 496$ で融合阻害は関係ない．下図の実線は，^{154}Sm の変形の効果を考慮して得られた計算値．横軸は重心系における入射エネルギー．文献 [69] より引用．

は捕獲（融合）の確率の増大をもたらしている結果と解釈されている.

　超重元素合成における熱い融合反応はアクチノイド原子核を用いるが，これらはすべて変形核である．ここで議論したように低いエネルギーでも断面積がそれほど下がらないということは，本来高い励起エネルギーで合成をしていた反応のエネルギーを下げても合成（残留）が可能になる方向に働くことを意味する.

6.5　揺動散逸動力学

6.5.1　揺動散逸動力学

　原子核の反応過程や核分裂では原子核の形状変化に伴い，内部の自由度が素早く変化し，その点で（熱）平衡状態に達している，としている．例えば図 6.3 のような描像が成り立つとしているのはそのような条件であることを暗黙に仮定している.

　このような系での時間発展を追う手法として揺動散逸動力学がある．いわゆるブラウン運動が有名だが，これは破裂した花粉から流出し，水面に浮遊した微粒子の不規則運動を，多数の水分子からの衝突として式を与えたものである．微粒子は多数の小さい水分子との衝突で平均的にはエネルギーを失い（散逸，摩擦），たまにエネルギーの大きい分子との衝突でエネルギーを得る（揺動，ゆらぎ）．ゆらぎと摩擦の関係は統計力学での熱平衡状態における揺動散逸定理から

$$D = 4kT/\gamma$$

（D：拡散係数, γ：摩擦係数　　T：温度　　k：ボルツマン定数）

と表すことができる．これはアインシュタイン (A. Einstein) が 1905 年に発表した式である．運動方程式はランジュバン (P. Langevin) により

$$m\frac{dv}{dt} = -\gamma v + R(t)$$

（m：ブラウン粒子の質量, v：ブラウン粒子の速度　　$R(t)$：ランダム力）

の方程式が与えられた．これをランジュバン方程式と呼ぶ．$R(t)$ は平均値は 0 （白色雑音），相関が $\langle R(t)R(t')\rangle = 2\gamma kT\delta(t-t')$ の正規乱数として与えられる（揺動散逸定理）．

重い原子核の融合や分裂ではその形状の時間発展が，多数の核子の運動（多自由度となる）に比べてゆっくりであり，かつその形状の自由度は少数である（数個程度）．であるので揺動散逸動力学が適している．この場合の熱浴は原子核自身である．ただし現在のところ古典的な散逸過程であり，ポテンシャルに対してエネルギーの高い状態（ポテンシャルと同程度でもよい）からの散逸ではなく，自身のエネルギーより高いポテンシャルを透過する事象を扱う（トンネル透過）といった量子力学的な場合は注意が必要であろう．とは言え，揺動散逸動力学は原子核の融合・分裂といった現象に見通しを与えるのに大いに役立っている [70].

6.5.2　原子核への適用

原子核に「散逸」という概念を初めて導入したのはクラマース (A. Kramers) [71] であると言われている [72]．核分裂過程をブラウン運動と同様の散逸過程であると考え，クラマース方程式と呼ばれる方程式（フォッカー・プランク方程式の一般的な形）で記述し，核分裂幅 Γ_f を与えた．70 年代以降には，重イオン深部非弾性散乱過程もフォッカー・プランク方程式で評価されるなど，古典的な散逸過程として扱われている．

6.5.3　融合阻害

$z = Z_1 \times Z_2$ がおおむね 1800 以上で起こる融合阻害 (fusion hindrance) は，図 6.3 の下の図のような原子核の内部にある 1 体ポテンシャルを乗り越えるのが必要なために起こると考えられている．それは内部の 1 体ポテンシャルの障壁の高さと見積もられる．これだけのエネルギー相当の入射エネルギーを余分に追加することにより，ようやくポテンシャル障壁の高さでの透過率 0.5[6) になる．

[6) WKB の透過はポテンシャルを逆調和振動子型とすると，正しく $1/(1+\exp[2L])$（L は作用積分）と表せる．$L = 0$ のとき $1/2$ となる．

この余分なエネルギーをエキストラ・プッシュ・エネルギーと呼んでいるが，これを揺動散逸動力学で見積もることができる（和田隆宏，阿部恭久 [67,70]）．すると，原子核内の摩擦 γ が大きいとエキストラ・プッシュ・エネルギーは非常に大きくなるといった関係が示されている．

　重い原子核の融合や分裂といった過程を揺動散逸動力学で記述するのに必要なのは原子核の形状の指定と，その形状ごとのポテンシャル，摩擦，慣性質量といった物理量である．形状に関しては 2 原子核の重心間距離，非対称度，2 つの分裂片のそれぞれの変形度，2 つの分裂片をつなぐ "くびれ" といった 5 つ程度が重要であろうと考えられている（前章の核分裂の議論も参照）．これらの変形度を一般化座標として（パラメータ）多次元のランジュバン方程式

$$\frac{dp_i}{dt} = -\gamma_{ij}(m^{-1})_{jk}P_k - \frac{\partial V}{\partial q_i} + R_i(t)$$
$$\frac{dq_i}{dt} = (m^{-1})_{ij}P_j \tag{6.19}$$

で原子核の時間発展の形状変化を記述することができる．ここで γ_{ij} は摩擦テンソル，m_{ij} は完成テンソル，V はポテンシャルである．ランダム力 $R_i(t)$ はやはり $\langle R_i(t)\rangle = 0$，$\langle R_i(t)R_j(t')\rangle = 2\gamma_{ij}kT\delta(t-t')$ を満たす．

　有友嘉浩らは主に多次元（主に 3 次元）のランジュバン計算を行い，上式に従う "ランジュバン" 粒子の軌道の統計をとり，その挙動を解析した．図 6.5 は ^{48}Ca+^{244}Pu→ ^{292}Fl* の融合過程の例で，粒子はその多くはすぐ接触点方向に逆戻りする（準核分裂，QF）．少数の粒子が複合核とみなされる変形度の小さい，大きな "泉" に到達する（融合-核分裂，FF）．また，粒子のいくつかが QF でないが，結局核分裂をする軌道を示すものも存在する（深部準核分裂，DQF）．彼らの計算では QF に至る粒子の経過時間は 10^{-21} 秒程度であり，FF に至る経過時間は 10^{-20} 程度あるいはそれ以上である．

6.5.4　統計崩壊
　原子核が複合核の高励起状態に至り，γ 崩壊をしながら脱励起していく．この割合を崩壊幅 Γ（この章の複合核参照）で記述すると各崩壊 γ，中性子放出

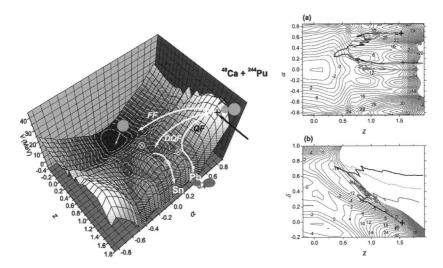

図 **6.5** ランジュバン計算の例. 2 中心殻模型を用い, 原子核形状パラメータは 3 つとしている (質量非対称度 α, 2 重心間距離 z, 2 分裂片の変形度 δ, 共通). 反応系は ^{48}Ca+^{244}Pu$\to$ ^{292}Fl* の例. 左図:ポテンシャルエネルギー表面. FF は融合-核分裂 (fusion-fission), QF は準核分裂 (quasi fission), DQF は深部準核分裂 (deep quasi fission). 接触点 (+ 点) からの経路が描かれている. 右図:ランジュバン粒子の軌道の例. 縦軸を α とした場合と δ とした場合. 上下の図は同じサンプル粒子の軌道である (3 ケースを表示). 文献 [73] より引用.

(n), 核分裂 (f) に対して, 複合核形成直後のエネルギー E^* から基底状態 0 までの積分

$$P_k = \int_0^{E^*} \frac{\Gamma_k(E)}{\Gamma_\gamma(E) + \Gamma_n(E) + \Gamma_f(E) + \cdots} dE \tag{6.20}$$

と表すことができる (… は p 放出や α 放出など). 実際には γ 崩壊は脱励起を起こすのみであり, かつ複合核 1 個についてエネルギー平均した崩壊幅を用いたほうが簡単なので (中性子放出は原子核が変わるのでその都度考慮する), ここではエネルギーで積分した中性子放出と核分裂の崩壊幅の競合のみを見よう. 中性子が x 個放出する過程の確率は

$$P_{\mathrm{surv}} = P_{xn} = \prod_{i=1}^{x} \frac{\Gamma_n^i}{\Gamma_n^i + \Gamma_f^i} \approx \prod_{i=1}^{x} \frac{\Gamma_n^i}{\Gamma_f^i} \approx \left(\frac{\Gamma_n}{\Gamma_f}\right)^x \tag{6.21}$$

となる (l 依存は省略). Γ_n/Γ_f 値は ウランあたりで 0.5〜0.9 程度であるが, 超

重核では 10^{-3} 程度（つまり 1000 回に 999 回は核分裂）である．この傾向は大雑把に

$$\frac{\Gamma_{\mathrm{n}}}{\Gamma_{\mathrm{f}}} \propto \exp\left(-\frac{B_{\mathrm{n}} - B_{\mathrm{f}}}{T}\right) \tag{6.22}$$

となる [74]．

中性子放出が 1 個よりも 2 個，3 個 $\cdots$ と増えると $\Gamma_{\mathrm{n}}/\Gamma_{\mathrm{f}}$ はべきで増える．つまり，生成が目的であればあまり中性子放出を増やしたくないが，核分裂障壁が少々大きくなれば（exp の肩に乗っているので）この現象の効果を減らすことは可能である．逆に核分裂障壁が小さくなると Γ_{f} が極端に大きくなる．

この節の最後に冷たい融合反応と熱い融合反応について触れておく．理研で合成された $^{278}\mathrm{Nh}$ は $^{279}\mathrm{Nh}$ からの 1 n 放出で，ドブナで合成された $^{294}\mathrm{Og}$ は $^{297}\mathrm{Og}$ からの 3 n 反応であった．脱励起過程の見積もりで用いられる中性子分離エネルギーと核分裂障壁を計算すると表 6.1 のようになっている．$^{278}\mathrm{Nh}$ は障壁の高さが 3 MeV 以下と，蒸発過程において極めて厳しい条件だったと見ることができる．一方 $^{294}\mathrm{Og}$ は障壁の高さが 7 MeV 程度でしかも中性子放出過程では核分裂障壁のほうが中性子分離エネルギーより高いものが複数あり，蒸発過程においてかなり有利であることが見て取れる．図 6.1 で熱い融合反応が「Spherical SHN」領域で断面積が下がらなかったのは，このように核分裂障壁が高い原子核のため，そのような傾向を示したと言えそうである．

表 6.1 冷たい融合反応 $^{278}\mathrm{Nh}$ と熱い融合反応 $^{294}\mathrm{Og}$ の核分裂障壁と中性子分離エネルギーの理論計算 (MeV)．KTUY 模型による．表中で実際に合成が確認されたのは $^{278}\mathrm{Nh}$（理研）と $^{294}\mathrm{Og}$（ドブナ）．

	冷たい融合反応		熱い融合反応			
原子核	$^{278}\mathrm{Nh}$	$^{279}\mathrm{Nh}$	$^{294}\mathrm{Og}$	$^{295}\mathrm{Og}$	$^{296}\mathrm{Og}$	$^{297}\mathrm{Og}$
中性子分離エネルギー B_{n}	6.61	7.73	8.06	6.21	7.97	5.92
核分裂障壁 B_{f}	2.6	2.6	7.0	7.2	7.6	7.7

6.6　Q値と励起関数～超重核合成反応の成否を分ける部分～

　生成確率が極めて小さい超重核合成において最後に重要となる物理は最適な
ビームエネルギーの決定である．その要素として Q 値とクーロン障壁の関係を
具体例で示し，生成反応で現れる励起関数について触れる．

6.6.1　接触点でのエネルギーと Q 値

　例として Cn の合成を考えよう．Cn は冷たい融合反応でも，熱い融合反応で
も合成することができ，それぞれ

$$\text{冷たい融合反応：}\quad {}^{70}\text{Zn} + {}^{208}\text{Pb} \rightarrow {}^{278}\text{Cn}^* \rightarrow {}^{277}\text{Cn} + 1\text{n}$$

$$\text{熱い融合反応：}\quad {}^{48}\text{Ca} + {}^{238}\text{U} \rightarrow {}^{286}\text{Cn}^* \rightarrow {}^{281\text{-}283}\text{Cn} + (5-3)\text{n}$$

$$(6.23)$$

とすることができる．これらの反応は一方では，${}^{277}\text{Cn}$，他方は ${}^{281\text{-}283}\text{Cn}$ と，
比較的近い原子核を合成する．後者はいくつか考えられるが，ここでは ${}^{283}\text{Cn}$
を 1 つ選ぼう．この反応における Q 値とクーロン障壁の関係を図示したのが図
6.6 である．縦軸のエネルギーにおいて，質量として質量超過 (mass excess) を
用いたので（Au を常に引いているので）Cn 同位体の質量は絶対値でほぼ同じ
高さになる．

　生成に必要なエネルギーはだいたいにおいてクーロン障壁の高さとほぼ同じ
高さか（少々低くてもよい），それより少々高いくらいが選ばれる．それは，障
壁より低いと融合確率が急激に下がるからである（図 6.4 参照）．また，入射エ
ネルギーが高くなると複合核生成直後の励起エネルギーも高くなり，蒸発残留
確率が下がる方向になる．これに加えて，変形核であれば多少下げてもよいと
か，合成する超重核の核分裂障壁が高そうであれば多中性子放出を許してもよ
いだとかの考察で多少上下する．

　次に大切なのは原子核の質量差から得られる反応 Q 値である閾値である．反
応の Q 値（$|Q| = -Q$）より低いエネルギーでは目的の反応は起こらない．よっ

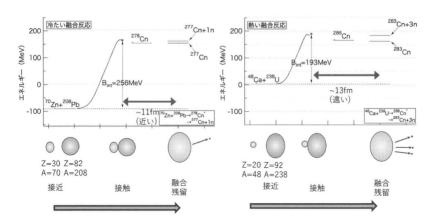

図　**6.6**　熱い融合反応と冷たい融合反応の比較．合成核が近い ^{278}Cn の合成と ^{70}Zn+^{208}Pb→^{278}Cn* と ^{48}Ca+^{238}U→ ^{283}Cn* の合成を選んだ．質量値 (mass excess) は既知の原子核は AME2016 から，未知の超重核は KTUY 模型の値を使った．障壁は合成前の 2 核の質量の合計からの高さとした．B_{int} は本来は核力ポテンシャルが効き始める場所での障壁であるが，文献 [74] を参考に，これを障壁の高さ相当とした．

表　**6.2**　Cn 合成反応における原子核の質量と反応 Q 値．質量超過 (mass excess) 表記．Q 値計算に必要な超重核の質量は KTUY の計算値から採用．熱い融合反応については 3n 反応を選んだ．

	質量超過				Q 値	
	入射核	標的核	複合核	蒸発残留核 ＋放出粒子	複合核	蒸発残留核
冷たい	^{70}Zn	^{208}Pb	^{278}Cn	^{277}Cn	^{278}Cn	^{277}Cn+1n
融合反応	−69.56	−21.75	154.06	153.72	−252.19	−253.10
熱い	^{48}Ca	^{238}U	^{286}Cn	^{283}Cn	^{286}Cn	^{283}Cn+3n
融合反応	−44.22	47.31	165.53	161.91	−162.44	−183.03

て上記のエネルギー周辺で適切な Q 値となるチャネルを探すことになる．

　ここで選んだ Cn の例では，クーロン障壁の高さは ^{70}Zn+^{208}Pb→ ^{278}Cn 合成の場合およそ 256 MeV である．これに呼応する Q 値となるチャネルは ^{278}Cn, ^{277}Cn+1n がクーロン障壁以下であり，256 MeV およびそれ以上を入射ビームにすれば Q 値の関係で合成可能である．実際 2007 年に理研で実施した合成実

験では，標的中心で261 MeV（重心系，実験室系だと349.5 MeV）となるように入射ビーム^{70}Znを投入して^{277}Cn+1n反応を成功させた[75]。

一方，^{286}Cn合成の場合，クーロン障壁の高さはおよそ193 MeVである。これに呼応するQ値となるチャネルは，^{283}Cn+3nがそのエネルギー以下の中で一番近い。実際2017年に理研で実施した合成実験では，入射ビーム^{48}Caを209 MeV（実験室系だと251.8 MeV）を投入して^{283}Cn+3n反応を成功させた[76]。クーロン障壁の見積もりの不定性と，3n,4n系の幅広い励起関数（のちに説明）を見越してエネルギーを決めるため少々差が見られるが，おおむねこのようにしてQ値とクーロン障壁＋αの関係が1nや3nといった融合反応を決めていく。

6.6.2 Q値と励起エネルギー

入射エネルギーからQ値を引いたものは，目的の超重原子核の基底状態からのエネルギーとなり，これを普通励起エネルギーE^*と呼ぶ。E^*で見ると反応機構の見通しが良いのでよく表記される（超重核の質量は普通わからないので理論値となる）。図6.7はクーロン障壁の高さに入射エネルギーを投入した場合の励起エネルギーE^*の理論計算による系統性を示したものである。この図は合成する原子核の原子番号を大きくすると励起エネルギーが低くなることを予想した図であるが，原子番号126だと熱い融合反応でも1nチャネルの蒸発のみとなるという予測になっている。

図6.8はビームエネルギーを変えたときに断面積がどのように変わるかを励起エネルギーE^*で示したものである。このように断面積をエネルギーの関数で表したものを励起関数と呼ぶ。見てわかるとおり，断面積が狭い範囲でピークをもっていることがわかる。冷たい融合反応の場合その幅は一番下の$^{272}_{110}$Ds$_{162}$の場合，およそ4 MeVである。これは例えば標的が600 μg/cm^{2}の場合，この標的の通過でロスするエネルギー分に相当する。このわずかなエネルギー幅のピークを外してしまうと，例えば1日1事象の見積もりであったのが10日で1事象という結果になる恐れもある。時間的な余裕があれば，エネルギーを変えて励起関数を測定したいが，新元素合成のような稀実験の場合はそれすらも難しい。熱い融合反応の例では，冷たい融合反応に比べて励起関数が広く分布し

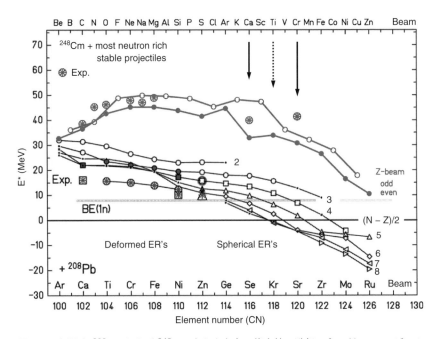

図 **6.7**　標的を ^{208}Pb および ^{248}Cm としたときの複合核の励起エネルギー E^*. ビーム
エネルギーをいわゆるバス (Bass) の融合模型による, 原子核同士が接触配位に
到達したとするときのエネルギーとした場合 [77]. 印の中で大きい印は, これま
で実験的に合成がなされた反応で最大断面積であった入射エネルギーをもとに得
た励起エネルギー E^*（102 番から 116 番までの冷たい反応, 熱い反応ともに）.
^{248}Cm の 120 番元素（ビームは Cr）の"実験値"の印は探索実験（実際には合
成に成功していない）で採用した励起エネルギー $E^* = 42$ MeV [78].

ている（縦軸が線形と対数と異なっていることにも注意）. また, 3n, 4n がエ
ネルギー的に重なっているように, 1 つのエネルギー照射でどちらの反応での
生成も起こりうる. 未知の α 崩壊連鎖が観測されたときにどちらの連鎖である
かが中性子数の偶数と奇数での崩壊の特徴の違いから区別できると主張するこ
ともあるが, 一般的なルールでないのでやはり慎重な議論が必要であろう.

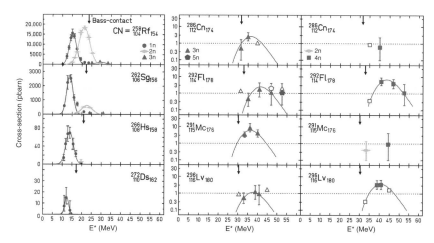

図 **6.8**　冷たい融合反応（左）と熱い融合反応（右）の断面積と励起関数塗った印では
エラーバーがないものは断面積の上限値．冷たい融合反応には，実験値に合う
ようにガウス関数のカーブが描かれている．　熱い融合反応には，典型的な，い
わゆる蒸発関数の計算カーブが実験値に合うように描かれている．矢印はバス
(Bass) の融合模型による，原子核同士が接触配位に到達したとするときのエネ
ルギー [77]．縦軸は，冷たい融合反応は線形で，熱い融合反応は対数であること
に注意．文献 [68] より引用．

6.7　超重元素合成実験の展望

これまで 118 番元素までの合成がなされた．今後の超重核合成の方向性とし
て 2 つを示す．

6.7.1　119 番元素以降〜融合反応による拡張〜

これまで合成した最も重い原子核は，熱い融合反応で合成した ^{294}Ts および
^{294}Og である．これより重く，原子番号大きい元素（原子核）の合成を考える．

(a)　冷たい融合反応

まず冷たい融合反応についてであるが，この方法で合成した最も原子番号およ

び質量数が大きい原子核は理研で合成した ^{278}Nh である．この場合 ^{209}Bi+^{70}Zn であるが，^{70}Zn より原子番号が 2 つ大きい 32 番元素 Ge の中性子が最も多い安定同位体は ^{74}Ge である．この延長上にある原子核の組み合わせは以下のようになる．

$$^{208}\text{Pb} + {}^{74}\text{Ge} \rightarrow {}^{282}\text{Fl}^* \rightarrow {}^{281}\text{Fl} + 1\text{n}$$
$$^{209}\text{Bi} + {}^{74}\text{Ge} \rightarrow {}^{283}\text{Mc}^* \rightarrow {}^{282}\text{Mc} + 1\text{n}$$
$$^{208}\text{Pb} + {}^{82}\text{Se} \rightarrow {}^{290}\text{Lv}^* \rightarrow {}^{289}\text{Lv} + 1\text{n}$$
$$^{209}\text{Bi} + {}^{82}\text{Se} \rightarrow {}^{291}\text{Ts}^* \rightarrow {}^{290}\text{Ts} + 1\text{n}$$
$$^{208}\text{Pb} + {}^{86}\text{Kr} \rightarrow {}^{294}\text{Og}^* \rightarrow {}^{293}\text{Og} + 1\text{n}$$
$$^{209}\text{Bi} + {}^{86}\text{Kr} \rightarrow {}^{295}[119]^* \rightarrow {}^{294}[119] + 1\text{n} \tag{6.24}$$

と続く．これらの断面積はこれまでの実験値の系統性に従うと原子番号が 2 つ増えると 1 桁下がる．^{278}Nh 合成の断面積は 43 fb であり，実施期間で言えば 9 年間で 3 事象であった．この延長で見ると 119 番元素の生成の断面積は 0.043 fb となり，9 年で 0.003 事象（または 9000 年で 3 事象）となる．ビームの強度を 1000 倍強くしないと，現在の環境ではほとんど不可能のようにみえる．

(b)　熱い融合反応

　一方で熱い融合反応は，^{48}Ca ビームと ^{249}Cf 標的で ^{294}Og を合成した．この反応の断面積がまだ 1 pb 程度である．ただし ^{48}Ca ビームを固定した反応系では次の標的は 99 番元素 ^{254}Es（半減期 276 日）となる．アインスタイニウムを標的とする実験は不可能ではないが，用意できる量は μg のオーダーであり（図 6.9）の準備の面でかなり難しい実験となる [7]．

(c)　熱い融合反応の発展

　次の第 3 の現実的な選択としては熱い融合反応を基本とし，標的はドブナが

---

[7] 日本原子力研究開発機構では 2017 年からオークリッジ国立研究所で生成した ^{254}Es を用いた化学および原子核の実験を実施している．

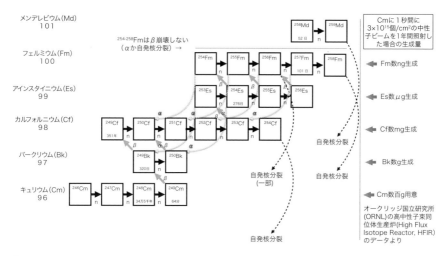

図 **6.9**   キュリウムからアインスタイニウムを中性子照射で生成する様子. 生成量は原子番号を 1 つ増やすのに対しておおよそ 3 桁少なくなる. この生成過程では Fm は $^{254-258}$Fm に到達するが, そのすべては β 崩壊をしないので Md を生成できない.

行っていたようなアクチノイドとし, 入射ビームの種類を GSI や理研が実施した, ^{48}Ca より原子番号の大きい原子核として, 冷たい融合反応のように, ビームとなる原子核を変えていく方向になっていくであろう.

われわれが現在普通の意味で使える原子番号の大きい原子核は Cm, Bk, Cf, Es, Fm あたりまでである. この中では例えば ^{248}Cm は半減期が 34.8 万年あるので比較的扱いやすい[8]. これをもとにすると中性子が最も多い安定同位体をビームに用いるとして

$$^{248}\text{Cm} + {}^{50}\text{Ti} \rightarrow {}^{298}\text{Og}^*$$

$$^{248}\text{Cm} + {}^{51}\text{V} \rightarrow {}^{299}[119]^*$$

$$^{248}\text{Cm} + {}^{54}\text{Cr} \rightarrow {}^{302}[120]^*$$

$$^{248}\text{Cm} + {}^{55}\text{Mn} \rightarrow {}^{303}[121]^*$$

---

[8] あくまでも上記のアクチノイド元素の中で, の意味. 実際には放射化学の専門的技術が必要であり, 簡単という意味ではない.

$$^{248}\text{Cm} + {}^{58}\text{Fe} \rightarrow {}^{306}[122]^*$$

$$^{248}\text{Cm} + {}^{59}\text{Co} \rightarrow {}^{307}[123]^* \qquad\qquad (6.25)$$

が候補となる．これらは熱い融合反応で図 6.7 からおそらく中性子を 3～5 個放出すると推測できる（放出数は Z を大きくすると小さくなるかもしれない）．これらに対して最適なビームエネルギーを照射することで新元素が合成できるであろう．

(d)　短い半減期の懸念

　合成した原子核は基底状態で α 崩壊連鎖を起こすと予想される．その半減期は ^{294}Og で 690 マイクロ秒，は ^{294}Ts で 51 ミリ秒であった．この値は Q_α の増大につれてだんだんと短くなる．そうすると測定の観点から分離器中を飛行する時間を気にする必要が出てくる．半減期はポアソン分布に従うので，短い時間領域に裾野をもつような分布になる．例えば超重核の半減期が数十マイクロ秒程度（$Z = 121$ あたりから）になると 1 マイクロ秒以下の裾野の寿命をもった崩壊原子核が有意に生じ，これらは検出器まで届かないかもしれないので工夫が必要かもしれない．

(e)　その他実験環境

　その他，熱い融合反応のような質量非対称度が大きい反応系の場合，入射ビームと合成した原子核の質量比が 1 に近づいてきて，分離効率が下がるという問題がある．これは例えば GARIS では熱い融合反応用に改良した型が開発されている．ビームの大強度化はベースの問題として必要であるが，理研では線形加速器 RILAC の前段のイオン源として超伝導 ECR[9] イオン源を，後段に超伝導加速空洞 SRILAC を設置し，これまでの 5 倍のイオンをビームとして供給することを可能にしている．

　ビームが大強度になると，それ耐えうる標的作成も重要となる．これはビー

---

[9] 多価重イオン生成用電子サイクロトロン共鳴型 (Electron Cyclotron Resonance: ECR).

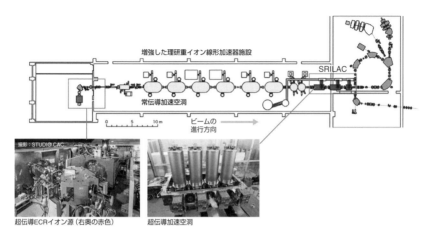

図 6.10 増強した理研重イオン加速器施設. 理研ニュース 2020 年 8 月号より

ム開発と標的制作とのせめぎ合いであり, 切磋琢磨して開発を進めている（図 6.10) [10].

6.7.2 超重核の安定の島へ〜核子移行反応〜

前節の議論が原子番号の大きい原子核の合成であった. もう 1 つの目的である「超重核の安定の島」への到達についてはどうであろうか.

融合反応のように原子核を壊さずに "そっと" くっつける反応の場合, どうしても 2 つの原子核の陽子の数と中性子の数の和の組み合わせに制限される（中性子はいくつか放出される）. 原子番号の大きい元素の作る目的であればそれでよいが,「超重核の安定の島」は融合反応でできる原子核よりもずっと中性子過剰核側にある. したがって, この方法では困難である. そこで考えられるのが核子移行反応である.

ここで考えるのは核子が 1, 2 個程度の移行ではなく, 10 個以上以降する反応である. 例えば ^{238}U と ^{238}U との反応を考える. 融合反応だとすると ^{476}[186]* という, とてつもない原子核の合成ということになるが（これ自体は次章で少々議論する）, もう少しエネルギーを上げて, 片方の原子核の陽子, 中性子をもう

---

[10] ビーム開発と標的制作とのやりとりは例えば文献 [79] を読んでいただきたい.

片方の原子核に移行する，という過程が多く出るような反応にする．これを核子移行反応と呼ぶ．この方法だと中性子がより多い原子核が生成される確率が上がっていく．

　グライナー (W. Greiner) は古くからこの問題を考えており，ザグリバエフ (V. Zagrevaev) は彼と協力し，ランジュバン計算に核子以降の効果を取り入れた計算で，^{238}U $+$ ^{248}Cm や ^{136}Xe $+^{248}$Cm といった系での生成分布を示している（図 6.11）．

　この計算の断面積は初期分裂片 (primary fragment) に対してである．つまり融合反応 σ_{fus} に相当し，これに続く脱励起が評価されていないので注意が必要だが，核図表上の分布が幅広くなっているのが興味深い．図中 (a)，(b) の ^{238}U $+$ ^{248}Cm では，^{291}Ds に印がついているが，前章で議論した ^{294}Ds（半減期を300 年と推定）のすぐ近くであり，彼らの計算した 0.01 mb の等高線の 1 桁か 2 桁下で到達するようにも見える．このように分布の裾野がかなり広がっていて，いわゆる「超重核の安定の島」に到達できるのではないか，という議論が成り立つ．おそらく核子移行反応が人間の手で（原子核実験で）超重核の安定の島に到達する最も可能性がある方法なのかもしれない．

6.7.3　大強度中性子による捕獲反応

　β 安定な原子核より中性子が多い原子核は β^- 崩壊を起こす．実際にフェルミは，この方法で原子核を次々に合成していったことは第 1 章で説明した．では中性子を「大量に」当てれば，中性子過剰核を作り，β^- 崩壊で原子番号を増やしていけるのではないか，という考えもある．しかし人間がコントロールできる範囲の（原子炉などの）中性子線フラックス程度では中性子数を 1，2 個増やす程度で β^- 崩壊してしまい，超重核のような原子番号の大きい原子核を作るにはまったく足りない．

　しかし，別の観点ではこの反応は実現できている．それは太陽より十分重い天体における爆発的中性子捕獲過程である．この話は次章に譲ろう．

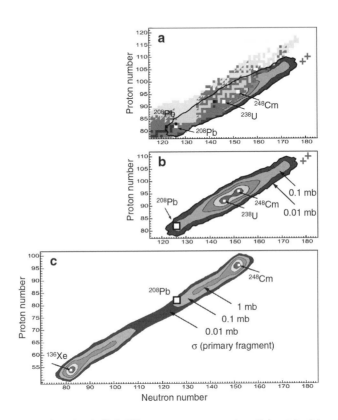

図 **6.11** 核子移行反応の初期分裂片 (primary fragment) の分布. (a), (b) ^{238}U + ^{248}Cm 反応. (c) ^{136}Xe + ^{248}Cm 反応 186.
(a) は (b) を既知核種の領域に重ねたものである. ×印は ^{287}Hs および ^{291}Ds で, 半減期が 30 年程度と理論予測された同位体である [68]. 前者が自発核分裂, 後者が α 崩壊優勢である. ちなみに筆者の計算では ^{287}Hs は 162 年で α 優勢 (自発核分裂部分半減期は約 700 年), ^{291}Ds は 300 年弱で α 優勢となっている. 文献 [80] より引用.

第 7 章

超重元素・超重核研究の展望

本書の最後の章として，超重元素の存在限界について紹介し，超重元素研究の広がりについて述べる．以下

(1) 原子の存在限界

(2) 原子核の存在限界

(3) 長寿命原子核

(4) 宇宙における超重元素・超重核

を解説する．

7.1　元素の存在限界

元素の原子番号には限界があるだろうか．それを第 2 章で説明したディラック方程式から見てみよう．

7.1.1　点電荷原子核の水素様原子〜$Z = 137$ までの解〜

第 2 章で説明したとおり，水素様原子の場合，電子のエネルギーは

$$E_{n,j} = \frac{mc^2}{\sqrt{1 + \left(\dfrac{Z\alpha 2}{n - \left(j + \frac{1}{2}\right) + \sqrt{\left(j + \frac{1}{2}\right)^2 - Z^2\alpha^2}}\right)^2}} \tag{7.1}$$

と表せる．ここでの α は微細構造定数で

$$\alpha = \frac{e^2}{4\pi\epsilon_0} \frac{1}{\hbar c} \approx 1/137.036 \tag{7.2}$$

であった. $\sqrt{(j+1/2)^2 - z^2\alpha^2}$ の項があるため, $1s_{1/2}$, $2s_{1/2}$, $2p_{1/2}$ に対して
は $\sqrt{1 - Z^2\alpha^2}$ から $Z < \alpha^{-1} \approx 137$, $2p_{3/2}$ および $3d_{3/2}$ に対しては $\sqrt{4 - Z^2\alpha^2}$
から $Z < 2\alpha^{-1} \approx 274$ がディラック方程式で許される解である.

7.1.2 有限半径の原子核〜$Z \approx 173$ までの解〜

ではこの計算結果から現実の元素に適用し,「元素の原子番号は $Z = 137$ ま
で存在し, 138 番元素以降は存在しない」, とする結論としてよいだろうか?
この答えは「そうではない」である. というのはこの解は「原子核を点電荷 Ze
とした」ときの解析解であり, 実際には原子核が有限の大きさ (数 fm) をもっ
ているからである. 原子核が有限な半径であることを考慮すると, 原点付近の
波動関数の振る舞いが変わり, 結果として, より Z が大きい場合でもディラッ
ク方程式の解を満たす.

どこまでの Z までが許されるかは理論計算に用いる原子核の大きさおよび形
状分布の取り方による. 例えばフリッケ (B. Fricke) とグライナー (W. Greiner)
の計算では, 原子核の密度分布を

$$\rho(r) = \rho_0 \frac{1}{1 + \exp[4\ln 3(r - c)/t]} \tag{7.3}$$

として [1] 計算し (多体計算が含まれている),

$$Z = Z_{\text{critical}} \approx 175 \tag{7.4}$$

程度までディラック方程式の解をもつことを数値計算で示した [81]. ここで,
Z_{critical} を臨界電荷 (critical charge) と呼ぶ.

その他いくつか計算があるが (173±2 と書かれる場合もある), おおむね

$$Z_{\text{critical}} \approx 173 \tag{7.5}$$

と代表して用いられることが多い.

---

[1] t=2.5 fm, c=1.2$A_{\text{atom}}^{1/3}$ fm. A_{atom} は当時実験的にわかっていた原子量で, $Z > 100$
に対しては $A_{\text{atom}}^{1/3} = 0.00733Z^2 + 1.3Z + 63.6$ を選んでいた. これは β 安定線の
近似式である.

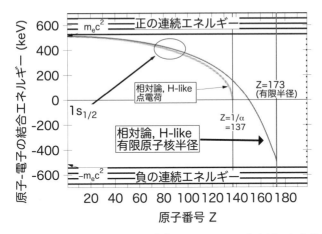

図 **7.1**　水素様原子における電子の 1 状態．ディラックの海を用いた表現にした．

図 7.1 に水素様原子における電子の 1 状態の原子番号 Z に対する変化を示す．ディラック方程式の解では $E + m_e c^2$ と常に電子の質量と組み合わせて固有値が現れるので $m_e c^2$ を加えた $E + mc^2$ 表記にしている．$1s_{1/2}$ 軌道の準位の終着点が $Z = 137$ から $Z = 173$ に至っている．ここで $E + mc^2$ として 0(keV) となり，これ以上 Z を増やすと $E + mc^2$ としても負になる．この負の状態は負の連続状態であり，このような見方をディラックの海と呼ぶ．ディラックは自由電子のディラック方程式で現れる負のエネルギーの問題から反粒子の存在を仮定し，その後実際にアンダーソンにより反電子が見つかった，という経緯をもつが，この領域では反電子が自動的に発生する（自然崩壊 spontaneous decay）と考えられている．

$Z > 173$ で原子がどのようになるかの議論は興味深いが，ここではこの話をいったん後に回そう．原子番号が $Z \leq 173$ あたりまで許されることがわかったので，それらの元素が示す周期性，具体的には最外殻電子の配位について説明する．

さて，周期表に戻ろう．1s 軌道では $Z \approx 173$ までディラック方程式は適用できることがわかった．第 2 章の続きとして，そこまでの周期表を拡張させ，完成してみよう．ここまでに埋まる電子軌道はどのようになっているであろうか．

7.1.3 スーパーアクチノイド

118 番以降の周期表は現在のところ大きく 3 つの説が唱えられている．1 つはシーボーグ (G.T. Seaborg) が提案した周期表である．彼はアクチノイドの概念を提唱したが，そのアクチノイドに対する洞察から，その延長上として規則的な配置を行った．一方数値計算で最適の配置を計算する試みがなされ，フリッケ (B. Fricke) とピッコ (P.P. Pyykkö) の周期表が知られている．それぞれ少々異なった結論になっているので，以下で説明する．図 7.2 で準位を確認しながら見ていこう．

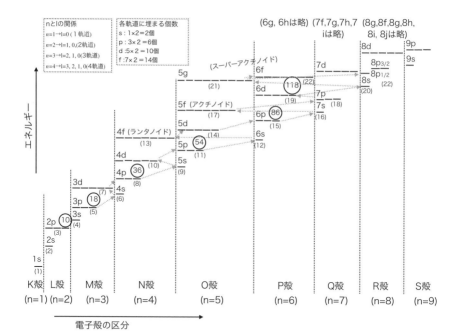

図 7.2 原子のエネルギー準位の模式図（図 2.2 から情報を追加）．実際には全軌道角運動量 j の違いでも準位は分離するが本図では省略している．ただし 8p 軌道に関してはその順位が重要となるので $8p_{1/2}$ と $8p_{3/2}$ を分離して示した．シーボーグの提唱だと 5g→6f の電子軌道の順になるが，フリッケやピッコの計算だと 5g→$8p_{1/2}$→6f となる（22 番目を示す括弧を併記している）．本文参照．

- （シーボーグの第 8 周期）：まず $n = 8$ の R 殻の 8s 軌道を埋める 119, 120 番元素が予想される．そして 121 番元素からは O 殻で残っていた 5g 軌道に，電子が埋まる元素が始まる．g 軌道は 18 個の電子が埋まり，あたかもランタノイド，アクチノイドのような共通の物理化学的性質を生じると予想される．これは「スーパーアクチノイド」などとも呼ばれ，新たな「離れ小島」として予測されている．ランタノイド，アクチノイドは f 軌道に埋まる電子ブロックで構成されており，14 個の電子が占有されるので $(2 \times (2l+1) = 14)$ 元素も 14 個となる．一方，この「スーパーアクチノイド」は次の 6f 軌道を含めると，g, f 軌道で総計 $18 + 14 = 32$ 個の電子が占有，つまり「スーパーアクチノイド」元素も 32 個と予想される．この場合，121〜152 番が「スーパーアクチノイド」元素となる [2]．この数字はシーボーグによって指摘された（1969 年）．シーボーグは第 7 周期までの法則に従い，元素を配置していったので，素直な形で表されている．シーボーグの拡張周期表を図 7.3 に示す．

- （フリッケの第 8 周期）：しかしその後相対論的計算により，8p 軌道のうち $8p_{1/2}$ 軌道が 5g 軌道の上，6f 軌道の下に位置することが計算によって予想された．つまりエネルギーの低い順に 5g→$8p_{1/2}$→6f となる．この場合，$8p_{1/2}$ も含めて扱い，「スーパーアクチノイド」元素は $32 + 2 = 34$ 個である．この場合 121〜154 番が「スーパーアクチノイド」元素となる．フリッケ (B. Fricke) が 1973 年にディラック・スレーター法で計算したときはこの流儀で考慮された [81].

- （ピッコの第 8 周期）：一方ピッコ (P. Pyykkö) は，p は典型元素の電子軌道にあるとして，「スーパーアクチノイド」に含めない流儀の周期表をディラック・フォック法で計算し，提案した [82]．つまりエネルギー順は 5g→$8p_{1/2}$→6f とフリッケの計算と同じであるが，途中の $8p_{1/2}$ を 13 族（ホウ素 B から始まる），14 族（炭素 C から始まる）に配置している．いったん「スーパーアク

---

[2] ランタノイド，アクチノイドは Lu, Lr で終わるのが普通の周期表の表記であるが，この流儀に対応させるのであれば，153 番までがスーパーアクチノイドとしてもよいかもしれない．しかし Lr のイオン化ポテンシャル測定で 6d ではなく 7p だと強く示唆される実験（第 2 章参照）が出た際に，IUPAC のレポートで，Lu, Lr の位置について再検討する必要があるかもしれない，とコメントしていた．

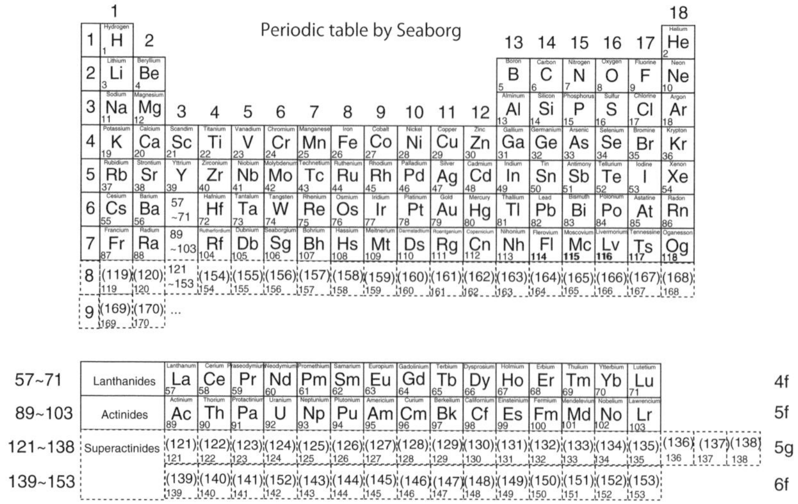

図 **7.3**　シーボーグ (G.T. Seaborg) による拡張周期表．第 9 周期の 218 番元素まで考
　　　えられたが，規則的であるので省略．

チノイド」から離れて元に戻ることになるが，化学的性質は電子が属する軌
道に支配されるという考え方であろう．

7.1.4　155 番元素以降

155 番以降（シーボーグ流だと 153 番以降）は，7d 軌道に 10 個電子が詰ま
り，164 番（シーボーグ流だと 162 番）が d ブロックまでとなる．次は法則に
従うと 8p 軌道または残りの $8p_{3/2}$ 軌道となるが，フリッケやピッコの計算だと
9s が $8p_{3/2}$ より低くなる．これは第 9 周期となり，9s に 2 個埋まった 165，166
番となる．この後第 8 周期に戻り，残した $8p_{3/2}$ と $9p_{1/2}$ 軌道の電子軌道を埋
める．$8p_{3/2}$ と $9p_{1/2}$ の差は非常に小さい．フリッケ，ピッコの拡張周期表を図
7.4 に示す．

7.1.5　173 番元素以降と真空崩壊

元素の話の最後として 173 番元素を超える元素について紹介する．

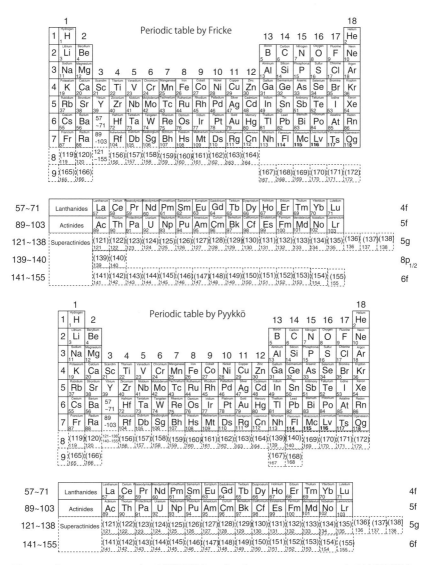

図 **7.4** 上：(B. Fricke) による拡張周期表．下：ピッコ (P. Pyykkö) による拡張周期表．

この原子番号を超えると電子に何が起こるかというのは特にグライナー (W. Greiner) を中心に古くから議論されてきた [83].

(a)　反粒子の存在の理論

ディラックの海は反粒子の予言としての嚆矢だが，負のエネルギー準位に電子が無限個詰まっているという仮定は，真空の構造の説明の観点からは極めて問題が多い[3].

別の説明として，β 崩壊のところで述べたように，ファインマン図で素粒子の時間発展を見たときに，時間と逆行してる粒子を反粒子と定義し直す，という解釈もできる．この場合は，負エネルギー解は反粒子の正エネルギー解の複素共役と見ることができる [84].

もう少し論を進めると，もともとの基礎方程式であるディラック方程式は本来場の量子論で扱うべものであるということである．場の理論では真空を定義し，それに対して（クラインゴルドン方程式，ディラック方程式の）生成演算子，消滅演算子が現れ，特にディラック方程式であれば反粒子の（正のエネルギー解のみをもつ）生成演算子，消滅演算子を定義することにより，適切に記述することができる．第 2 章で扱ったディラック方程式は Ψ を 1 個の電子の存在と直結する波動関数とみなしていたが，粒子の生成，消滅が現れる物理現象においては Ψ を消滅の演算子，$\Psi^{\dagger}$ を生成の演算子として定義することにより適切な扱いとなる（第 2 量子化）．今回の例で言えば，（孤立原子にかかわらず）強い外場 Ze/r 中で真空から反粒子（ここでは反電子）が生成する過程，と見ることができる．これはプラズマ物理に関連が深い過程とも言える．

(b)　具体的な現象

$Z > 173$ の話に戻ろう．$Z = 173$ を超えると 1s 軌道電子の束縛エネルギーが静止エネルギーの 2 倍 $(2m_ec^2 = 1.022\,\mathrm{MeV})$ より大きくなる．静止エネルギーの 2 倍とは電子と陽電子の対消滅エネルギーの最低値に相当する．普通の原子

---

[3] パウリ (W. Pauli) は「とてもまともな理論とは思えない」と言ったという．ただし物性分野では例えばグラフェンの性質の説明などを始め，現在でも有効に使われている．

にこれを上回るエネルギーのガンマ線が入射すると，逆反応である対生成が起きることは知られている.

173番以降の元素はすでに電子殻内部で電子と陽電子が自然発生する現象に十分なエネルギーをもち，電子配置が不安定となっている. つまり「何もない状態」が不安定であり，常に電子および陽電子が1対生成されて安定な状態となろうとする（全系の電荷は0）. このような現象を「真空崩壊」と呼んでいる. 別の見方をすると，$Z = 173$ を超える原子の1s軌道に存在している電子を外部に取り出そうとした場合，即座に電子が真空から生成され（同時に陽電子も生成される），1s軌道を埋めてしまう，という現象が起こる.

生成されたもう一方の陽電子であるが，$-1.02\,\mathrm{MeV}$ より上の軌道電子とであれば対消滅をし，それに付き合った電子は空席となり，上位の軌道電子を放出する（オージェ効果）. そうでなければ原子外に放出される. この陽電子を「自発陽電子」と呼ぶ.

実験的には1977年にドイツGSIで ^{238}U (Z=92) 核同士を衝突させて陽子数184の仮想"原子核"を作る研究が行われた. 1980年には標的をキュリウム(Z=96) に替えた実験で陽電子スペクトルのピークが確認されたという報告がなされているが，データとしては不十分であり，まだ真空崩壊の事象は十分に調べられたとは言えない状況である.

7.1.6 そのような原子核は存在するのか？

さて，ここまで $Z = 173$ までの元素（原子）の性質の理論予測を紹介した. 一方で「そもそもそのような元素を作る原子核がそこまで存在するだろうか」という問いが生じる. この点は次の節以降で論じていこう.

7.2 原子核の存在限界

7.2.1 次の安定の島〜初期の研究〜

前節で原子は電子の軌道として $Z = 173$ あたりまでは通常の意味で安定に存

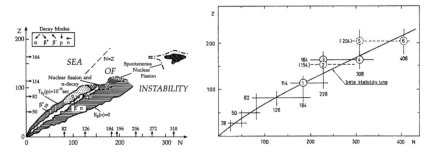

図 **7.5**　左図：1960年代に考案された核図表と超重核の安定の島. ウォルター・グライ
ナー (W. Greiner) によると，この図は1960年代後半のフランクフルトスクー
ルと呼ばれる研究会で出されたとのこと. 右図：1971年にアダム・ソビチェフ
スキー (A. Sobiczewski) により提案された核図表における超重核の安定の島の
位置.

在しうることを説明した.

　では原子の中心の原子核は $Z = 173$ という電荷，つまり陽子の数が 173 とい
う原子核がコンパクトにまとまる状況を作ることができるであろうか？

　この問題は 1960 年代に超重核 ($Z = 114, N = 184$) の理論的な指摘がなされ
た際にまもなく原子核理論の観点から議論された.

　図7.5の左図は1960年代後半に提案された核図表である. このときに陽子の数
$Z = 114$ に加えて 164 が，中性子の数が $N = 184$ に加えて 196, 236, 272, 318 が
2重閉殻として記されている. そして $Z = 164$, $N = 318$ を中心とした "離れ島"
が存在しているとしている. 右図はアダム・ソビチェフスキー (A. Sobiczewski)
が 1971 年に提案された超重核の安定の島の位置である. $Z = 114, N = 184$ の
次の島の候補として $N = 228$ に沿って 2 つ，$N = 308$ に沿って 2 つ指摘して
いる. ソビチェフスキーの計算は Woods-Saxon ポテンシャルを用いた計算で
ある.

7.2.2　単一粒子準位の拡張〜最も重い2重閉殻魔法数〜

　上記の予測を改めて評価してみよう. 第3章の図3.9で紹介した修正 Woods-
Saxon ポテンシャルを外挿し，(球形) 2重閉殻の単一粒子のギャップをもつ原

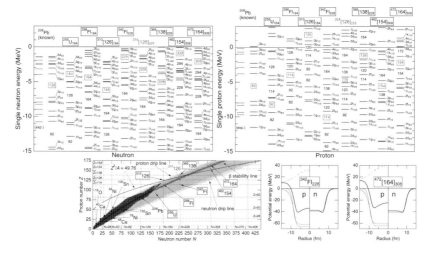

図 7.6 超重核の 2 重閉殻原子核の理論予測. 修正 Woods-Saxon ポテンシャルによる球形単一粒子準位計算による. 上図：閉殻原子核の単一粒子準位. 左が中性子準位, 右が陽子準位. 下図左：2 重閉殻魔法核の核図表上の分布. 下図右：2 重閉殻魔法核のうち $^{342}\text{Fl}_{228}$ と $^{472}[164]_{308}$ の単一粒子ポテンシャル（中心力のみ）[20].

子核を探してみる [20].

そうして求めた準位が図 7.6 上である. 中性子準位（図上左）では $N = 184$ を超えて 228, 308 が比較的強い閉殻となり, 陽子準位（図上右）では $Z = 114, 126$ を超えて 138, 154, 164 が比較的強い閉殻となっている. Woods-Saxon ベースなのでソビチェフスキーの結論と類似した結果となっている [4].

閉殻は原子核が変わると弱くなることも指摘しておきたい. $Z = 126$ は $^{310}[126]_{184}$ においては陽子閉殻であるが, $^{354}[126]_{228}$ では陽子閉殻が弱くなって（消えてしまって）いる.

第 5 章の安定の島の議論した"半島"は $N = 228$ の閉殻が原因であり, この中で 2 重閉殻魔法核は $^{342}\text{Fl}_{228}$ および $^{366}[138]_{228}$ である.

この計算では $^{472}[164]_{308}$ が 2 重閉殻魔法核である. β 安定線を（ほぼ）通っ

---

[4] 筆者がこの図を知ったのは筆者の計算をした数年後で, 先人たちが様々な先鞭をつけていることに関心した.

ている 2 重閉殻魔法核は $^{298}\text{Fl}_{184}$，$^{472}[164]_{308}$ である．球形液滴で見積もった核分裂限界線 (fissility line) と比較すると，$^{472}[164]_{308}$ はわずかに外側に位置している．

7.2.3　半減期から見た原子核の存在領域

　この修正 Woods-Saxon ポテンシャルを用いて第 5 章で求めた超重核の安定の島と同様に計算を進めてみよう．図 7.7 の上図は図 5.16 と同様の崩壊様式図である．自発核分裂のえぐれが見られるが，$N = 228$ に沿った半島に加えて，$Z = 164, N = 308$ を中心とした大きな（地続きの）島が発生していることがわかる．グライナーの図では「不安定の島 (SEA OF INSTABILITY)」となっている部分が β 崩壊を通してつながっている（1 ナノ秒以上でプロットしていることに注意）．自発核分裂が縦に線状になっているのは計算上の問題で，自発核分裂に必要は基底状態をうまく探せず，別の（励起状態からの）トンネル効果計算をしてしまったことが原因である．核分裂核種の基底状態の探索は工夫をしないと難しく，現在も研究中である．この図には核分裂限界線も描画している．KTUY 模型計算の殻エネルギーの効果により，核分裂限界線を左右するように境界線の“海岸線”が形成されている．

　図 7.7 の下図は全半減期で描画したものである．第 5 章の α 崩壊のところで議論したように，荷電粒子のトンネル透過は原子核の安定の定義に不明瞭さを残す．この図は原子核がもつ半減期の範囲ごとに区分して描画している．こうして，「ある半減期以上である原子核」を選ぶことができる．この模型計算では

- 1 ナノ秒 (ns) 以上：約 11,000 核種
- 1 マイクロ秒 (μs) 以上：約 10,000 核種
- 1 ミリ秒 (ms) 以上：約 8,000 核種
- 1 秒 (s) 以上：約 4,000 核種

という結果を得た．中性子ドリップ線側は 1 マイクロ (μ) 秒以下の原子核が少々含まれてる程度であるが，陽子側はその等高線の様子から急激に半減期が変化

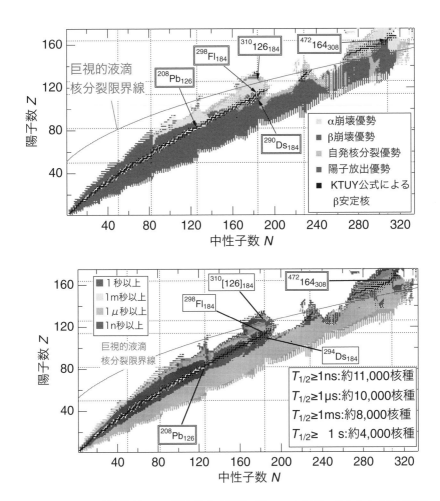

図 7.7 KTUY 質量模型による崩壊様式予想図. 図 5.16 と同様. 得られた全半減期が 1 ナノ秒 (10^{-9}s) 以上の核種について描いた. 上図:崩壊様式. 下図:半減期 (口絵 15 参照).

していることがわかる.

　この図の右端（$Z = 164, N = 308$ の島）は $N = 340$ あたりで 1 ナノ秒 (ns) の線で分断されている. 巨視的液滴核分裂限界線がこのあたりを通過しており, これ以上重い原子核はクーロン斥力により, まとまった状態で存在でないと思

われる.

　最後に，この図上で最も重い 2 重閉殻魔法核 $^{472}[164]_{308}$ 予想半減期を示しておく．崩壊様式は α 崩壊が主要であり，その Q 値は KTUY 質量模型で 14.12 MeV である．これから半減期は

$$T_{1/2}(^{472}[164]_{308}) = 250 \text{ 秒}^{\,5)} \tag{7.6}$$

という計算結果が得られている [61]．推定値の不確定さは（理論そのものが妥当であるという前提で），第 5 章の超重核での推定と同程度である.

　前節の超重元素では $Z = 173$ までは原子系（化学系）として存在しうるということであったが，原子核としては 162 番元素あたりまでは秒単位で，172 番元素あたりは図から 1 ナノ秒程度の半減期をもつことが予想される．この半減期の値を化学系でどう評価するべきかは議論があるかもしれないが，遠い遠い将来，このような議論があったことを実験で検証する日が来るかもしれない.

7.3　中性子星内殻とパスタ原子核

　前節まで解説した超・超重原子核であるが，思わぬところに存在するかもしれない，という話を 1 つ紹介したい．それは宇宙における星の爆発後の話である．太陽のおよそ 8 倍以上の質量をもった恒星は，その一生の最後に超新星爆発を起こす．恒星の中の軽い原子核は，原子核の電荷に妨げられながらも，どうにか融合反応を起こし，1 核子あたりの原子質量を最小にしていく．それも ^{56}Fe の原子核に至ると，これ以上融合反応でエネルギーを稼ぐことができなくなり，ついには上から降り積もる物質に耐えられなくなり，それまで原子間距離程度だった原子核が，^{56}Fe の原子核同士の接触になるまで収縮し（大きさにして原子の大きさと原子核の大きさの比である 1 万〜10 万分の 1），原子核同士の接触による反発（原子核には非圧縮率と呼ばれる反発係数があり，弾性が

---

5) 超重元素研究における感覚では 14.12 MeV の Q_α に対して短すぎるように感じるかもしれないが，$Z-2 = 162$ の電荷が作るクーロンポテンシャルに対する透過がしにくくなっていることに注意.

あるとされる）で大爆発を起こす．この大爆発の際に中心に残るのが中性子星
またはブラックホールである．

　中性子星は太陽質量の最大2倍程度（近年の観測により最大の範囲が広がっ
ている）までの大きさで，半径はおよそ10 km 程度である．十分冷えた中性子
星は高密度性により，その中心から表面部分までほとんどが中性子でできてい
る[6]が，その表面付近は厚さ1 km ほどの殻（クラスト，crust）が生じ，原子
核，電子，中性子などでできている．その外は水素，ヘリウムなどの大気が厚
さ数 cm〜数 m で取り巻いているとされる．

　この殻は外部の孤立した原子核が存在している領域から，内部の中性子一体
となる領域へ移り変わる領域であり，殻内の外側から内側へ向かって，（ほぼ）
球形である原子核 → 棒状 → 板状などといった"原子核"の安定な形状の変化を
起こすと考えられている．これは原子核の第3章で議論した「表面エネルギー」
と「クーロンエネルギー」のバランスでエネルギー最小となる形を選んでいる
とされる（原子核のパスタ構造）．

　このパスタ構造に球形の原子核の大きさは，おおむね半径が10 fm 程度であ
る．一方，$^{472}[164]_{308}$ 原子核の半径は $R = r_0 A^{1/3}$ と見積もると $r_0 = 1.2$ fm と
して 9.3 fm の半径である．この一致は不思議ではなく，というのもどちらも原
子核の帯電液滴描像に立脚した理論計算であるからである．特に中性子星では
この球の半径は巨視的核分裂限界 fissility line と同等の模型である．ともあれ，
中性子星の殻にはこのような超重原子核が多数閉じ込められているかもしれな
い（原子核の表面が緩やかになり $l \cdot s$ 力が弱まり，本書で議論した閉核構造が
壊れてしまうかもしれないが）．

7.4　宇宙で作られた超重元素

　最後に，宇宙において超重元素がすでに作られた，という話をしたい．といっ

---

[6]中心付近は中性子を構成しているクォークが変わり，ハイペロンと呼ばれる核子が生
　成しているかもしれない．

ても残念ながら本書で紹介した冷たい融合反応や熱い融合反応の原子核群では
ない．それはアクチノイド原子核であるトリウム，ウランが地球に存在してい
る起源の問題であり，また，原子番号 110 番元素 Ds などが宇宙で観測される
かもしれない，という話である．それとともに，原子核崩壊の考察から，われ
われの世界が非平衡の世界にいる，ということについて指摘しておきたい．

7.4.1　恒星における元素合成〜鉄まで，そしてビスマスまで〜

　宇宙における元素合成のシナリオは次のとおりである．まず宇宙初期に水素，
ヘリウム，リチウムが作られ，後に恒星が生まれてから水素（陽子）からヘリウ
ム，ヘリウムから炭素，炭素，… 鉄 ^{56}Fe へと合成される．後者は融合するこ
とにより 1 核子あたりの質量を下げることができる（反応 Q 値が正）からであ
る．鉄より重い元素はこの方法では作られず，基本的に電荷のない中性子を吸
収することによってそれに伴う β^- 崩壊を利用して原子番号を上げていく．そ
の 1 つは遅い中性子捕獲過程（slow neutron capture process，s 過程）と呼ば
れるもので，β^- 崩壊と同程度もしくはそれより遅い反応割合で中性子捕獲を進
め，ビスマス ^{209}Bi に到達する．重い恒星（太陽の数倍以上の質量）の進化の
終盤で形成される赤色巨星で中性子が原子核反応により生み出されて起こると
されている．

7.4.2　r 過程元素合成〜中性子過剰超重元素を作る〜

　もう 1 つは速い中性子捕獲過程（rapid neutron capture process，r 過程）と
呼ばれるものである．これは極めて中性子束の大きい天体環境で，爆発的 (ex-
plosive) に中性子を捕獲する反応である．この時間は数秒程度とされ，β 崩壊を
伴いながら中性子過剰核を経由して重い元素まで作り出す．
　その天体環境は長らく超新星爆発が候補に挙げられていたが，最近では中性
子星同士の合体も有力視されている．

　図 5.16 では r 過程元素合成の経路の例を示したが[7]，この経路に従って合成された原子核は，転じて β^- 崩壊を起こし，β 安定な原子核に向かう．その際に質量数 $A = 238$ およびそれ以上の質量数の中性子過剰核から，β^- および α 崩壊を通して ^{238}U に到達する．^{238}U はこのように r 過程から生成された．これが ^{232}Th，^{235,238}U の起源である．この 3 核種が半減期が長いため周りの元素がすべて崩壊したのにかかわらず，太陽系形成の時間の約 47 億年経っても[8]，"干からびずに" 生き残っているのである．

　さて，超重核領域に目を向け，図 5.16 を拡大した図 7.8 でみてみよう．r 過程経路は超重核の安定の島の "南東" 方向を進んでいる．これが転じて β 崩壊すると r 過程により超重核が（Th,U のように）生成される，ということにな

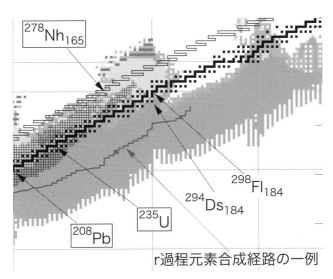

図 7.8　超重核領域の崩壊様式と r 過程元素合成経路の位置関係．r 過程経路が描画上の理由で途中で止まっているが，この先も反応は続くとしててよい．その他の図の説明は図 5.16 を参照．

---

[7] この経路は主に中性子分離エネルギーのみで評価した "静的" な計算であり，実際は時間発展の非平衡の計算が求められる．その場合は各時間ステップごとに経路が変わる．

[8] r 過程が起こったのは今から約 47 億年 $+\alpha$ 年である．

るはずであるが，しかし超重核領域では自発核分裂が主要となる原子核が横た
わっており，その一部が r 過程経路と β 安定核の間に遮るように分布している
（$N = 184$ の線よりすこし中性子数が多い領域）．これでは安定の島の中心であ
る ^{294}Ds，2 重魔法数核候補の ^{297}Fl などもこのような r 過程経由での合成はで
きない，ということになる．無論これは理論計算の一例を示したにすぎないの
で確かなことが言えるものではないが，$N = 184$ が閉殻とするような他の理論
計算も似たような結論を示していることも付記しておく．

　なお，本書で中心的に述べた冷たい融合反応と熱い融合反応の原子核群であ
るが，これらは r 過程の中性子過剰側からみて β 安定線の向こう側である．β^-
で到達するのは最長 β 安定線までであるので，これらの原子核群を r 過程で合
成することは不可能である．

　しかし「r 過程で超重元素が作られたかもしれない」という主張は魅力的であ
り，1970 年代あたりから [85] 隕石の中に超重元素の痕跡が残っていないか [9]，
または実は自然界に存在しているのでないか（第 1 章での鉱物からの探索），な
どその実証を行う試みがなされている．

7.4.3　r 過程元素合成と超重元素〜重い領域でつながる理解〜

　r 過程元素合成の研究の目的の 1 つは元素の起源を物理的観点から定量的に
説明することであう．図 7.9 は太陽系における同位体の存在比である．このよ
うな同位体比は 1990 年代末より他の天体（主に球状星団中の星）でも観測され
始めており，星の進化との関連で比較できるようになりつつある．r 過程は爆
発的天体現象で起こり，しかもそれに関わる原子核はほとんど未知であり（図
5.16，図 7.8 が参考になる），その解明は理論計算が主体となる．この元素合成
で古くから問題となっていたのは重核，超重核領域での振る舞いである．特に
核分裂が起こると，ウランあたりでは質量数 A=90, 130 をピークにもつ質量分
布となる（図 3.16 参照）．これが図 7.8 に示されているような核分裂領域でどの
ような質量分布をもつかで，中重核領域の生成量に影響を与える可能性がある．

---

[9] もし超重核が核分裂していれば質量数 300 相当の核分裂の痕跡（フィッショントラッ
　ク）が見つかるかもしれない．

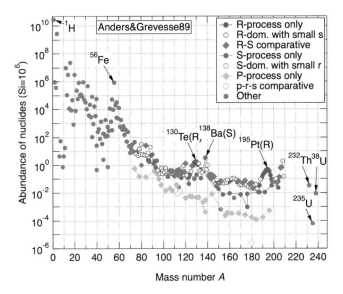

図 **7.9** 太陽系における同位体の存在比. ケイ素 Si を 10^6 とした相対数量である. 原子
核の核図表上の位置から r 過程, s 過程, p 過程などと分類（混在している場合
はそのことも）できる. 文献 [86] のデータより作成.

そのため, 中性子過剰超重核領域の原子核物理の理解が必要となる. 例えば

- 中性子捕獲率（中性子誘起核分裂も含む）
- β 崩壊率（β 崩壊遅発中性子, β 崩壊遅延核分裂などの随伴現象も含む）
- α 崩壊, 自発核分裂があればその分岐比
- 核分裂片の核図表上の分布（ウラン以外からの分布, 例えば質量対称分裂か
  非対称分裂か, エネルギー依存性など）

といった量は重・超重核の研究を通して理解が進むと考えられる. 特にほとん
どすべてに関わる核分裂はこの領域の研究として主要なテーマでもある. 例え
ばシュミット (K.H. Schmidt) らはラジウム付近からアクチノイドまでの実験に
よる核分裂変分布を系統的に評価しデータベースとし, 西尾勝久らは ^{18}O ビー

ムを用いた多核子移行反応でアクチノイド領域の核分裂変分布を測定し，革新的に核種領域の拡大を行っている [87]．理論ではメラー (P. Möller) は原子核の核分裂片が核図表上の広い領域でそのような分布（質量対称，非対称など）をするかを FRDM 計算で提示している．このような超重元素・超重核の研究が元素の起源解明の研究と連携をとって進むことを期待する．

7.5　終わりに

7.5.1　より原子番号の大きい元素へ，より半減期の長い原子核へ

　超重元素，超重核の研究はそれぞれ原子物理，原子核物理で表現している周期表，核図表の拡張の研究であり，そのフロンティアの探索である．

　元素の周期表では 118 番元素の合成・発見により第 7 周期の完成に至り，g 軌道のいわゆるスーパーアクチノイド（121 番元素から始まる）の手前までたどり着いた．一方，原子核の核図表では超重核の安定の島に「上陸」しつつある．そして次はまだかすんだ状態で見ている長寿命の原子核をどう捉えようか，という段階にきている．現在の実験状況ではまだ遠いかもしれない．しかし 30 年前の状況を考えれば，現在得ている知見は驚くべきものである．今から 30 年後にこれらが実験的にどうなっているかが楽しみである．

7.5.2　超重原子核をどう作るか？

　原子核の合成は，α 粒子照射，中性子照射，重イオン照射から冷たい融合反応，熱い融合反応と次々と新しい考え方で原子核反応を拡張していった．次のステップは核子移行反応なのか融合反応の拡張なのか，などは明言できないが，各国間の研究競争でもあり，次の新しいフェーズに向けて（自らも含め）期待したい．

7.5.3　元素の極限，原子核の極限

　一方，理論計算の外挿として原子系として $Z = 173$，そして原子核系として

$Z = 164$ および $N = 308$ という 2 つの"極限"を示した．これらが実証できるのか，それとも大きな修正を迫られるのかはわからないが，超重元素，超重核研究において大きな指針となればと思う．

7.5.4 非平衡の世界にいるわれわれ

われわれが接している原子核がその多くが"不安定"原子核であるという事実は，われわれが元素合成の過程の"非平衡状態"にいるという認識を与えてくれる．統計物理を知っている立場からすれば，^{238}U が 45 億年の半減期をもって地球に存在しているのも，^{209}Bi が 2100 京年の半減期をもっていることも，すべては中性子捕獲という非平衡現象から現在の地球が（宇宙が）まだ十分に平衡状態に達していない，という認識にも至る．原子核の存在が，われわれにそのことを教えてくれている．

7.5.5 ニホニウム，そして新元素

本書は日本の「ニホニウム」合成・発見をトピックとして超重元素・超重核の研究の世界を紹介した．日本の研究機関が今回の「周期表の元素に名前が与えられる」といったような明確な成果を出したということはなかなかなく，多くの方々が興味をもったのではないかと思う．

本書が今回の成果に興味をもった若い方々に刺激となり，その次を目指してもらえれば幸いである．

参考図書

本書を書くにあたり，いくつかの書籍を参考にした．引用文献とは別に列記する．

- 八木浩輔：「原子核物理学（基礎物理科学シリーズ 4）」，朝倉書店 (1971).
  日本の原子核物理の教科書としても網羅的であり，著者の理解した考えや見解がよく反映されている．半世紀前に出た本であるが，まだ読み応えがある内容である．
- 滝川昇：「原子核物理学（現代物理学 基礎シリーズ 8）」，朝倉書店 (2013).
  上記から 40 年ぶりに出された原子核の教科書である．特に原子核理論について最近の発展が盛り込まれている．
- 杉本健三，村岡光男：「原子核物理学（共立物理学講座 22）」，共立出版 (1988).
  上記八木浩輔の教科書に並んで網羅的な内容である．筆者はこの本で原子核の入り口を学んだ．本書にもその考え方が含まれている．
- 日本放射化学会編：「放射化学の事典」，朝倉書店 (2015).
- 原子力・量子・核融合事典編集委員会編：「原子力・量子・核融合事典　第 I 分冊（原子核物理とプラズマ物理・核融合）」，丸善 (2014).
  上記 2 冊の事典は各用語について専門家が要領よくまとめてあり，大変参考になる．
- 野村亨：「重イオン融合反応と複合核の崩壊ー（超）重核領域を中心にー」，KEK レポート 2005-13 (2006).
  第 6 章の原子核反応の項の執筆に参考になった．彼が長期にわたり書き留めたノートであり，重イオン合成合成の物理について実によく網羅的にまと

められている．所どころにある彼のコメントも極めてフェアである．彼は現在の理研を中心とした日本の超重核合成実験の思想的礎となった人であると評価している．超重核の研究（特に合成・反応）をしてみたいという読者はぜひ一読を進める．

- 「113〜ニホニウム発見に挑み続けた研究者たち〜」理化学研究所（作画：千田灰司，松田弘毅）：株式会社スポマ (2017).

　113 番元素合成をうけて理化学研究所で作成された漫画である．森田浩介氏の半生とともに，113 番元素合成に至る経緯が生き生きと描かれている．本書第 1 章と比較しながら見るとより当時の空気感が伝わると思う．Chapter6 までが 2015 年 8 月に発行された初版において書かれ（つまりニホニウム命名権の知らせが出る直前），2004 年の最初の事象が観測された時点までの内容となっている．そして Chapter7 以降を加筆し，その後のニホニウム命名に至る過程が記述されている．執筆時点で理研の HP からダウンロード可能．https://www.riken.jp/pr/fun/nh/

- Sigurd Hofmann: "*ON BEYOND URANIUM, Journey to the End of the Periodic Table*", Science Spectra Book Series, Taylor & Francis, London and New York, (2002).

　GSI で 107〜112 番元素の合成に関わった S. ホフマンが書いた本である．理研で 113 番元素が初めて見つかってしばらく後に気がついて購入したと記憶している．GSI の超重元素実験の理解に役立った．

引用文献

[1] 吉原賢二："小川正孝の栄光と挫折", 化学史研究, **24**, pp. 295-305 (1997).

[2] Y. Nishina, T. Yasaki, H. Ezoe, K. Kimura, and M. Ikawa: Phys. Rev., **57**, p. 1182 (1940).

[3] W.D. Myers and W.J. Swiatecki: Nucl. Phys., **81**, pp. 1-60 (1966).

[4] 小浦寛之, 他編集：「原子力機構核図表 2018」, 日本原子力研究開発機構 (2019).

[5] 小浦寛之：「超重原子核, 放射化学の事典（日本放射化学会編）」, 朝倉書店 p. 95 (2015).

[6] P. アームブルスター, G. ミュンツェンブルグ（訳：月出章, 渡辺力）："新しい元素の創造", 別冊日経サイエンス 103 特集 クォークから重い原子核へ, 日経サイエンス社, pp. 104-111, (1992).

[7] Y.Ts. オガネシアン, V. K. ウチョンコフ他（監修：谷畑勇夫）："超重元素の"離れ小島"を探す", 日経サイエンス 2000 年 5 月号, 日経サイエンス社, pp. 58-63, (2000).

[8] K. Morita, *et al.*: J. Phys. Soc. Jpn., **73**, pp. 2593-2596 (2004).

[9] K. Morita, *et al.*: J. Phys. Soc. Jpn., **76**, 045001 (2007).

[10] K. Morita, *et al.*: J. Phys. Soc. Jpn., **78**, 064201 (2009).

[11] K. Morita, *et al.*: J. Phys. Soc. Jpn., **81**, 103201 (2012).

[12] 矢野安重："いかにして森田浩介らは 113 番元素の命名権を獲得したか", 日本物理学会誌, **71**(5), pp. 330-331 (2016).

[13] 森田正人, 森田玲子：「相対論的量子力学（量子力学 2　改訂改題）」, 共立物理学講座 15, 共立出版 (1988).

[14] E. シェリー（監修：森田浩介）：“周期表のほころび”，日経サイエンス 2013 年 10 月号，日経サイエンス社，pp. 104-172, (2013).

[15] 細矢治夫：“金と水銀の異常性をどう理解するか　第 6 周期元素は相対論と f 電子の影響から逃れられない”，化学と教育，**60**(8) pp. 340-343 (2012).

[16] T.K. Sato, *et al.*: Nature, **520**, p. 209 (2015).

[17] 平田勝：「3. 超重元素化学－理論化学　超重元素化学の最前線」，日本放射化学会，松枝印刷，pp. 14-21 (2018).

[18] 小浦寛之：“原子核質量の対称エネルギーと Wigner 項”，原子核研究，**55**, pp. 53-63 (2010).

[19] W.J. Huang, G. Audi, Meng Wang, F.G. Kondev, S. Naimi, and Xing Xu: Chin. Phys. C, **41**, 030002 (2017).

[20] H. Koura, S. Chiba: J. Phys. Soc. Jpn., **82**, 014201 (2013).

[21] S. Cwiok, J. Dudek, *et al.*: Comput. Phys. Comm, **46**, p. 379 (1987).

[22] A.V. Afanasjev and S. Frauendorf, Phys. Rev. C, **71**, 024308 (2005).

[23] S.G. Nilsson and I. Ragnarsson:“Shapes and shells in nuclear structure”, Cambridge University Press (1995).

[24] 中務孝：“原子核の変形，対称性の破れ，殻構造”，原子核研究，**53**(3), pp. 132-141, (2009).

[25] 山田勝美，宇野正宏，橘 孝博：“原子質量公式 未知の原子核を理論面から探る”，日本原子力学会誌，**42**(4), p. 15 (2000).

[26] 関口仁子：“核力はどこまで解っているか? ―3 体核力の実験的な現状―”，日本物理学会誌，**70**(12), p. 912 (2015).

[27] J. Carlson, *et al.*: Rev. Mod. Phys., **87**, p. 1067 (2015).

[28] N. Ishii, *et al.*: Phys. Rev. Lett., **99**, 022001 (2007).

[29] http://unedf.mps.ohio-state.edu

[30] P. Möller, J.R. Nix, W.D. Myers, and W.J. Swiatecki: At. Dat. Nucl. Dat. Tables, **59**, pp. 185-381 (1995).

[31] P. Möller, A.J. Sierk, T. Ichikawa, and H. Sagawa: At. Dat. Nucl. Dat. Tables, **109-110**, pp. 1-204 (2016).

[32] H. Koura, T. Tachibana, M. Uno, and M. Yamada: Progr. Theor. Phys., **113**, p. 305 (2005).

[33] H. Koura and M. Yamada: Nucl. Phys. A, **671**, p. 96 (2000).

[34] H. Koura, M. Uno, T. Tachibana, and M. Yamada: Nucl. Phys. A, **674**, p. 47 (2000).

[35] 河合光路：「パリティ物理学コース　核反応」, 丸善 (1995).

[36] 中務孝："密度汎関数理論（原子核用語・キーワード解説）", 原子核研究, **57**(2), p. 32 (2013).

[37] L. Geng, H. Toki, and J. Meng: Progr. Theor. Phys., **113**, p. 785 (2005).

[38] S. Goriely, S. Hilaire, M. Girod, and S. Peru: Phys. Rev. Lett., **102**, 242501 (2009).

[39] A.H. Wapstra, G. Audi, and R. Hoekstra: At. Dat. Nucl. Dat. Tables **39**, pp. 281-287 (1988).

[40] G. Audi and A.H. Wapstra: Nucl. Phys. A, **565**, p. 1 (1993).

[41] G. Audi and A.H. Wapstra: Nucl. Phys. A, **595**, p. 409 (1995).

[42] G. Audi, A.H. Wapstra, and C. Thibault: Nucl. Phys. A, **729**, p. 337 (2003).

[43] M. Wang, G. Audi, A.H. Wapstra, F.G. Kondev, M. MacCormick, X. Xu, and B. Pfeiffer: Chin. Phys. C, **36**, pp. 1603-2014 (2012).

[44] J. Duflo and A.P. Zuker: Phys. Rev. C, **52**, pp. R23-27 (1995).

[45] Y. Aboussir, J.M. Pearson, A.K. Dutta, and F. Tondeur: At. Dat. Nucl. Dat. Tables, **61**, p. 127 (1995).

[46] F. Tondeur, S. Goriely, J.M. Pearson, M. Onsi: Phys. Rev. C, **62**, 024308 (2000).

[47] S. Goriely, F. Tondeur, and J.M. Pearson: At. Dat. Nucl. Dat. Tables, **77**, p. 311 (2001).

[48] M. Samyn, S. Goriely, P.-H. Heenen, J.M. Pearson, and F. Toudeur: Nucl. Phys. A, **700**, p. 142 (2002).

[49] S. Goriely, M. Samyn, P.-H. Heenen, J.M. Pearson, and F. Toudeur: Phys.

Rev. C, **66**, 024326 (2002).

[50] S. Goriely, M. Samyn, M. Bender, and J.M. Pearson: Phys. Rev. C, **68**, 054325 (2003).

[51] M. Samyn, S. Goriely, and J.M. Pearson: Phys. Rev. C, **72**, 044316 (2005).

[52] S. Goriely, M. Samyn, and J.M. Pearson: Phys. Rev. C, **75**, 064312 (2007).

[53] S. Goriely, N. Chamel, and J.M. Pearson: Phys. Rev. Lett., **102**, 15203 (2009).

[54] S. Goriely, N. Chamel, and J.M. Pearson: Phys. Rev. C, **82**, 035804 (2010).

[55] S. Goriely, N. Chamel, and J.M. Pearson: Phys. Rev. C, **88**, 061302(R) (2013).

[56] S. Goriely, N. Chamel, and J.M. Pearson: Phys. Rev. C, **93**, 034337 (2016).

[57] G.A. Lalazissis, S. Raman, and P. Ring: At. Dat. Nucl. Dat. Tables, **71**, p. 1 (1999).

[58] X.W. Xia, *et al.*:At. Dat. Nucl. Dat. Tables, **121-122**, pp. 1-215 (2018).

[59] 小浦浩之：「8. 超重元素の核的性質　超重元素化学の最前線」，日本放射化学会，松枝印刷，pp. 49-58 (2018).

[60] 浅井雅人："超重核の殻構造を実験的に探る，連載講座　重元素・超重元素の科学（原子核物理）"，RADIOSITOPES, **67**(6), pp. 291-298 (2018).

[61] H. Koura: J. Nucl. Sci. Technol, **49**, p. 816 (2012).

[62] 山田勝美，大槻義彦編：「ベータ崩壊強度関数（物理学最前線8）」，共立出版，pp. 151-216 (1984).

[63] R. Smolanczuk: Phys. Rev. C, **56**, p. 812 (1997).

[64] H. Koura: Progr. Theor. Exp. Phys., **2014**, 113D2 (2014).

[65] P. Möller, A.J. Sierk, T. Ichikawa, A. Iwamoto, R. Bengtsson, H. Uhrenholt, and S. Aberg: Phys. Rev. C, **79**, 64304 (2009).

[66] 小浦寛之，橘孝博："超重元素はどこまで存在するか—質量公式からみた重・超重核領域の原子核崩壊—（特集 超重元素の科学とその展望）"，日本物理学会誌，**60**(9), pp. 717-724, (2005).

[67] 和田隆宏，阿部恭久："超重元素探索の物理"，日本物理学会誌，**57**(6), pp.

383-390, (2002).

[68] S. Hofmann: Radiochim. Acta, **107** (2019).

[69] 萩野浩一，有友嘉浩："重イオン核融合反応と超重元素"，日本物理学会，**68**, pp. 654-661 (2013).

[70] 和田隆宏："超重元素合成の理論－揺動散逸理論の観点から－，連載講座 重元素・超重元素の科学（原子核物理）"， RADIOSITOPES, **67**(6), pp. 255-265 (2018).

[71] A. Kramers: Physica, **7**, p. 284 (1940).

[72] 松尾正之："原子核集団運動の散逸—TDFT 軌道束の時間発展"，物性研究，**55**, p. 460 (1991).

[73] Y. Aritomo: Nucl. Phys. A, **744**, p. 3 (2004).

[74] 野村享："重イオン融合反応と複合核の崩壊－（超）重核領域を中心に－"，KEK レポート，pp. 2005-2013 (2006).

[75] K. Morita, *et al.*: J. Phys. Soc. Jpn., **76**, 043201 (2007).

[76] D. Kaji, *et al.*: J. Phys. Soc. Jpn., **86**, 085001 (2017).

[77] R. Bass: Nucl. Phys. A, **231**, p. 45 (1974).

[78] S. Hofmann *et al.*: Eur. Phys. J. A, **52**, p. 180 (2016).

[79] 櫻井弘，篠原厚，小浦寛之，上垣外修一，森本幸司，羽場宏光："ニホニウムとその次の元素へ…"，アイソトープニュース（1 月号特別号 **No.2**），pp. 2-14 (2018).

[80] V.I. Zagrebaev and W. Greiner: Nucl. Phys. A, **944**, p. 257 (2015).

[81] B. Fricke, W. Greiner, and J.T. Waber: Theoret. Chim. Acta (Berl.), **21**, pp. 235-260 (1971).

[82] P. Pyykkö: Phys. Chem. Chem. Phys., **13**, pp. 161-168 (2011).

[83] 渡部力，大槻義彦編：「巨大原子で何が起きるか $Z \to \infty$ の原子物理学（物理学最前線 1）」，共立出版，pp. 115-195 (1982).

[84] 日笠健一：「ディラック方程式 相対論的量子力学と量子場理論（SGC ライブラリ-105）」，サイエンス社 (2014).

[85] 岩田志郎編集責任：「重核及び超重核の科学に関する短期研究会報告」，

KURRI-TR-122 (1973).

[86] E. Anderes and N. Gravesse: Acta, **53**, p. 197 (1989).

[87] A.N. Andreyev, K. Nishio, and K.-H. Schmidt: Rep. Prog. Phys., **81**, 016301 (2018).

索　引

気体充填型反跳分離装置 (Gas-filled Recoil Ion Separator, GARIS) ‥ 37
球形液滴模型 ‥‥‥‥‥‥‥‥‥‥‥ 82
共変密度汎関数理論 (covariant density functional theory) ‥‥‥‥127
巨視的-微視的模型 (macroscopic-miceoscopic model) 98, 122
金 ‥‥‥‥‥‥‥‥‥‥‥‥‥‥‥‥ 66
偶奇エネルギー（対相関エネルギー）14
クラスター崩壊 ‥‥‥‥‥‥147, 149
クルチャトビウム ‥‥‥‥‥‥‥‥ 19
グレン・シーボーグ ‥‥‥‥‥ 18, 206
クーロン障壁 ‥‥‥‥‥‥‥‥‥‥ 28
ゲオルギー・フリョロフ ‥‥‥‥3, 19
結合エネルギー ‥‥‥‥‥‥‥‥‥ 78
原子核 ‥‥‥‥‥‥‥‥‥‥‥‥4, 11
原子核合同研究所 (Joint Institute for Nuclear Research, JINR) 19, 35
原子核の結合エネルギー ‥‥‥‥‥ 80
原子核の質量 ‥‥‥‥‥‥‥‥‥‥ 78
原子核の第一原理 (Ab-initio) 計算 118
原子核のパスタ構造 ‥‥‥‥‥‥ 217
原子核の表記 ‥‥‥‥‥‥‥‥‥‥ 12
原子核の変形 ‥‥‥‥‥‥‥‥‥‥ 88
原子核崩壊 (nuclear decay) ‥‥‥‥ 136
"現実的"核力 ‥‥‥‥‥‥‥‥‥ 116
原子の質量 ‥‥‥‥‥‥‥‥‥‥‥ 79
元素 (element) ‥‥‥‥‥‥‥‥6, 15
元素周期表 ‥‥‥‥‥‥‥‥‥‥‥‥2
小浦-橘-宇野-山田 (KTUY) 質量公式 123
国際純正・応用化学連合 (International Union of Pure and Applied Chemistry, IUPAC) ‥ 1, 19
ゴグニー (Gogny) 相互作用 ‥‥‥‥ 126

■さ▶
サイクロトロン ‥‥‥‥‥‥‥‥‥ 16

残留 (evaporation residue) ‥‥‥‥‥ 184
磁気剛性 ‥‥‥‥‥‥‥‥‥‥‥‥ 28
磁気量子数 ‥‥‥‥‥‥‥‥‥‥‥ 54
自然崩壊 (spontaneous decay) ‥‥‥ 205
質量超過 ‥‥‥‥‥‥‥‥‥‥‥‥ 80
自発核分裂 ‥‥‥‥‥‥‥‥ 26, 140
自発陽電子 ‥‥‥‥‥‥‥‥‥‥ 211
遮蔽 ‥‥‥‥‥‥‥‥‥‥‥‥‥‥ 57
重イオン研究所 (GSI) ‥‥‥‥‥ 26, 33
重イオン原子核反応 ‥‥‥‥‥‥‥ 29
周期表 ‥‥‥‥‥‥‥‥‥‥‥‥‥ 73
集団運動模型 ‥‥‥‥‥‥‥‥‥‥ 77
主量子数 ‥‥‥‥‥‥‥‥‥‥‥‥ 54
シュレディンガー方程式 ‥‥‥‥‥ 54
準核分裂 (quasi fission) ‥‥‥‥‥ 183
ジョリオ=キュリー夫妻 ‥‥‥‥‥ 15
真空崩壊 ‥‥‥‥‥‥‥‥‥‥‥ 211
シングルアトム化学 (atom-at-a-time chemisrty, single-atom chemistry) 71, 73
人工放射性元素 ‥‥‥‥‥‥‥‥‥ 15
水素様原子 ‥‥‥‥‥‥‥‥‥‥‥ 53
スキルム (Skyrme) 相互作用 ‥‥‥ 125
スキルム・ハートリー・フォック計算 ‥‥‥‥‥‥‥‥‥‥‥‥‥ 126
スキルム (Skyrme) 力 ‥‥‥‥‥‥ 125
スーパーアクチノイド ‥‥‥‥‥ 206
スピン・軌道角運動量力 ‥‥‥‥ 77, 92
生成断面積 ‥‥‥‥‥‥‥‥‥‥ 177
切断 (scission) ‥‥‥‥‥‥‥104, 157
相対論的平均場理論 (relativistic mean-field theory) ‥‥‥‥‥97, 127
速度フィルター ‥‥‥‥‥‥‥‥‥ 28

■た▶
対称エネルギー ‥‥‥‥‥‥‥‥‥ 14
対称項 ‥‥‥‥‥‥‥‥‥‥‥‥‥ 84
脱励起 ‥‥‥‥‥‥‥‥‥‥ 32, 184
短距離性 ‥‥‥‥‥‥‥‥‥‥‥‥ 83
断面積 ‥‥‥‥‥‥‥‥‥‥‥‥ 175
中性子 ‥‥‥‥‥‥‥‥‥‥‥‥‥ 11

MEMO

MEMO

著者紹介

小浦寛之（こうら ひろゆき）

1997 年　早稲田大学大学院理工学研究科 博士課程満期退学
2000 年　博士（理学）早稲田大学
2012 年　早稲田大学理工学術院総合研究所 招聘研究員（一現在）
2013 年　理化学研究所仁科加速器研究センター超重元素研究グループ
　　　　　客員研究員（一現在）
2016 年　茨城大学大学院理工学研究科 客員教授（一現在）
2017 年　津田塾大学学芸学部 非常勤講師（一現在）
現　在　日本原子力研究開発機構先端基礎研究センター 研究主幹

専　門　原子核物理（理論）

主　著　『原子力・量子・核融合事典』分担執筆（丸善出版, 2014）
　　　　　『放射化学の事典』分担執筆（朝倉書店, 2015）

趣味等　弓道, バドミントン

受賞歴　2006 年 3 月 日本物理学会第 11 回論文賞
　　　　　2017 年 1 月 2016 年朝日賞
　　　　　　　　　（113 番元素研究グループ（代表 森田浩介）として）
　　　　　2017 年 3 月 日本物理学会論文賞特別表彰
　　　　　　　　　（113 番元素研究グループ（代表 森田浩介）として）

基本法則から読み解く 物理学最前線 24

ニホニウム
― 超重元素・超重核の物理 ―

Nihonium − Physics in Superheavy Elements and Superheavy Nuclear−

2021 年 6 月 10 日　初版 1 刷発行

著　者　小浦寛之 ⓒ 2021
監　修　須藤彰三
　　　　岡　真
発行者　南條光章
発行所　**共立出版株式会社**
　　　　東京都文京区小日向 4-6-19
　　　　電話　03-3947-2511（代表）
　　　　郵便番号　112-0006
　　　　振替口座　00110-2-57035
　　　　www.kyoritsu-pub.co.jp

印　刷　藤原印刷
製　本

検印廃止
NDC 431.11

ISBN 978-4-320-03544-7

一般社団法人
自然科学書協会
会員

Printed in Japan

基本法則から読み解く 物理学最前線

須藤彰三・岡 真［監修］

大学初年度で学ぶ物理の知識をもとに，基本法則から始めて最新の研究成果を読み解く。各テーマを最前線で活躍する研究者が丁寧に解説する。

各巻：A5判・並製・税込価格（価格は変更される場合がございます）

www.kyoritsu-pub.co.jp　　　共立出版　　f https://www.facebook.com/kyoritsu.pub